スバラシク面白いと評判の

初めから始める数学III Part1

馬場 敬之
けいし

改訂8 revision

マセマ出版社

◆ はじめに ◆

みなさん，こんにちは。数学の**馬場敬之**(ばばけいし)です。理系で受験しようとする人にとって，**数学Ⅲ**はどうしても超えなければならないハードルなんだね。そして，この数学Ⅲは数学Ⅰ・Aや数学Ⅱ・Bより確かに内容が豊富でレベルも高いので，ここで脱落して，理系を諦めてしまう人が多いかもしれないね。

でも，難攻不落に思える数学Ⅲでも，体系だった分かりやすい講義を受け，そしてよく反復練習さえすれば，誰でもマスターすることは可能なんだ。まったくの初心者の人でも数学Ⅲの基本を無理なく理解できるように，この「**初めから始める数学Ⅲ Part1 改訂8**」を書き上げたんだ。

そして，この「**初めから始める数学Ⅲ Part1 改訂8**」では数学Ⅲの前半部分を，そして続編の「**同 Part2**」では数学Ⅲの後半部分について詳しく解説する。どちらも，偏差値40前後の数学アレルギーの人でも，初めから数学Ⅲをマスターできるように，それこそ**高1・高2レベルの数学**から**スバラシク親切に解説した**，**読みやすい講義形式の参考書**なんだよ。

本書では，"**複素数平面**"，"**式と曲線**"，"**関数**"，そして"**数列の極限**"と，数学Ⅲの前半の重要テーマを**豊富な図解と例題**，それに読者の目線に立った分かりやすく楽しい**語り口調の解説**で，ていねいに教えていく。

また，複素数とベクトルを比較したり，"**強い∞や弱い∞**"などの考え方を使って極限を直感的に求めたり，様々な工夫をこらしている。だから，一般の数学Ⅲの解説書のように肩肘を張らずに，自然に**数学Ⅲの面白い世界**に入っていけるはずだ。でも，内容はよく吟味された本格的なものだから，この本をシッカリマスターすれば，**数学Ⅲについても十分な受験基礎力**を身につけることができるんだね。

この本は**12回の講義形式**になっており，流し読みだけなら**2**週間足らずで読み切ってしまうことも可能だ。まず，この**「流し読み」**により，数学**III**の全貌を押さえ，大雑把だけれど，どのようなテーマをこれから勉強していくのかをつかんでほしい。でも，**「数学にアバウトな発想は一切通用しない」**んだね。だから，必ずその後で**「精読」**して，講義や，例題・練習問題の解答・解説を完璧に**自分の頭でマスター**するようにするんだよ。この**自分で考える**という作業が数学に強くなる一番の秘訣なんだね。

そして，自信がついたら今度は，解答を見ずに**「自力で問題を解く」**ことだ。そして，自力で解けたとしても，まだ安心してはいけない。人間は忘れやすい生き物だからだ。その後の**「反復練習」**をシッカリやって，スラスラ解けるようになるまで頑張ろう。**練習問題**には**3**つのチェック欄を設けておいたから，1回自力で解く毎に"○"を付けていけばいい。最低でも3回は自力で問題を解いてみよう。また，毎回○の中に，その問題を解くのにかかった**所要時間**を書き込んでおくと，自分の成長過程が分かって，さらに楽しいかもしれないね。

「流し読み」，**「精読」**，**「自力で解く」**，そして**「反復練習」**，この**4**つがキミの実力を本物にしてくれる大切なプロセスなんだ。頑張ろうね！

「楽しみながら，強くなる！」のが，マセマの数学だ。だから，最初は気を楽にまずこの本と向き合ってくれたらいいんだね。そして，読み進んでいくうちに，**数学 III の考え方の面白さ**，問題が解ける楽しさが分かってくるはずだ。

さァ，それでは**数学 III　Part1** の講義を始めよう！みんな準備はいい？

マセマ代表　馬場 敬之

この改訂**8**では，新たに数学的帰納法の応用問題の解答・解説を加えました。

◆ 目 次 ◆

第1章　複素数平面

1st day　複素数平面の基本 ………………………………… **8**

2nd day　複素数の極形式，ド・モアブルの定理 ………… **20**

3rd day　複素数と平面図形 ……………………………… **34**

● 　複素数平面　公式エッセンス ……………………… **48**

第2章　式と曲線

4th day　放物線，だ円，双曲線の基本 ………………… **50**

5th day　2次曲線の応用 ………………………………… **70**

6th day　媒介変数表示された曲線 ……………………… **80**

7th day　極座標と極方程式 ……………………………… **94**

● 　式と曲線　公式エッセンス ………………………… **108**

第3章　関数

8th day　分数関数・無理関数 ……………………………… **110**

9th day　逆関数・合成関数 …………………………………… **124**

● 　　　関数　公式エッセンス ……………………………… **138**

第4章　数列の極限

10th day　数列の極限の基本 ………………………………… **140**

11th day　Σ計算と極限，無限級数 ………………………… **158**

12th day　数列の漸化式と極限 ……………………………… **176**

● 　　　数列の極限　公式エッセンス ……………………… **207**

◆ *Term・Index*（索引）…………………………………… **208**

第 1 章 複素数平面

- ▶ 複素数平面の基本
- ▶ 複素数の極形式,ド・モアブルの定理
- ▶ 複素数と平面図形

1st day　複素数平面の基本

みんな，おはよう！ さわやかな朝で気持ちがいいね。サァ，今日から，「初めから始める数学 III Part1」の講義を始めよう。

この **Part1** では，"**複素数平面**"，"**式と曲線**"，"**関数**"，それに "**数列の極限**" まで解説し，次の **Part2** では，"**関数の極限**"，"**微分法とその応用**"，"**積分法とその応用**" について解説するつもりだ。

エッ，バリバリの理系数学だから，難しそうだって？ そうだね。確かにレベルは上がるよ。でも，これまでと同様に，初めから分かりやすく丁寧に解説するから，すべて理解できるはずだ。頑張ろう！

それでは，まず "**複素数平面の基本**" の講義から始めよう！

● 複素数が平面上の点を表す !?

複素数って，何だったか覚えてる？ ン，自信がないって？ いいよ。この講義は初めから始める講義だからね。みんな，まず，2次方程式 $x^2 - 2x + 5 = 0$ を解いてごらん。

これを解くと，

$$x = -(-1) \pm \sqrt{(-1)^2 - 1 \cdot 5}$$
$$= 1 \pm \underline{\sqrt{-4}} = 1 \pm 2i$$

$$\underline{\sqrt{4} \cdot \sqrt{-1} = 2i}$$

$ax^2 + 2b'x + c = 0 \ (a \neq 0)$ の解は，
$$x = \frac{-b' \pm \sqrt{b'^2 - ac}}{a}$$
今回は，$a = 1$，$b' = -1$，$c = 5$ だね。

となるのはいいね。このように $1 + 2i$ や $1 - 2i$ のように，2つの実数 a，b と虚数単位 i（$i = \sqrt{-1}$，正確には，$i^2 = -1$ と表す）を用いて，$a + bi$ の形で表される数のことを "**複素数**" というんだったね。

そして，複素数は一般に，z や w，および α，β，γ などの文字で表すことが多いので，ここではまず，$\alpha = \underset{\text{実部}}{a} + \underset{\text{虚部}}{b}\,i$ とおくことにしよう。a，b は共に実数なんだけれど，a を "**実部**"，b は i がかかっているので "**虚部**" という。以上をまとめて次に示しておこう。

8

複素数 $\alpha = a + bi$

複素数 $\alpha = a + bi$ (a, b:実数, i:虚数単位 ($i^2 = -1$))
(a を実部, b を虚部という)

そして, $b = 0$ ならば, $\alpha = a$(実数)となるし, $b \neq 0$ ならば, α は"虚数"になる。さらに, $a = 0$ で, かつ $b \neq 0$ ならば, $\alpha = bi$ となって, これを**純虚数**というんだね。

つまり, 複素数には, 2 や $\sqrt{3}$ …などの実数や, $2 + i$ や $3 - \sqrt{2}i$ …などの虚数, それに $5i$ や $-2i$ …などの純虚数が含まれるってことなんだね。

これで, 数学 II で習った複素数についても, 思い出せただろう。

では, この複素数 $\alpha = a + bi$ が, xy 座標平面上の点 (a, b) と対応するものとすると, 図1に示すように, すべての複素数は, この xy 平面上の点で表すことができる。このような xy 座標平面のことを"**複素数平面**"と呼び, x 軸を**実軸**, y 軸を**虚軸**と呼ぶ。

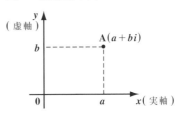

図1 複素数平面

そして, 複素数 $\alpha = a + bi$ の表す点を一般に $A(\alpha)$ や $A(a + bi)$ と表すんだけれど, もっと簡単に点 α ということもあるので覚えておこう。

ン? でも, みんな, 納得いかない顔をしているね。その心を当ててみようか?「もし, xy 座標平面上の点 $A(a, b)$ を表すんだったら, このままでいいはずで, 何で, た$\dot{}$し$\dot{}$算$\dot{}$の形の複素数 $\alpha = a + bi$ なんかをもち出して, これを点 α と呼ぶんだろう?」って, ことだろう? これは, 初めて複素数平面を学ぶ人が最初に直面する当然の疑問で, これに答えている教材は少ないので, ここでキチンと解説しておこう。

xy 座標平面上の点 A の座標 (a, b) は, 平面ベクトル $\overrightarrow{OA}$ を成分表示した $\overrightarrow{OA} = (a, b)$ でもあることは, みんな大丈夫だね。実は, この $\overrightarrow{OA} = (a, b)$ と複素数平面上の点 $\alpha = a + bi$ は同$\dot{}$じ$\dot{}$構$\dot{}$造$\dot{}$をしているんだね。

ン？よく分からんって！？ いいよ，解説しよう。

まず，$\overrightarrow{OA}$の成分表示$\overrightarrow{OA}=(a, b)$を変形すると，
$\overrightarrow{OA}=(a, b)=(a, 0)+(0, b)=a\underline{(1, 0)}_{\vec{e_1}}+b\underline{(0, 1)}_{\vec{e_2}}$ となる。

よって，x軸とy軸の正の向きの**単位ベクトル**を，それ
（大きさ**1**のベクトルのこと）
ぞれ$\vec{e_1}=(1, 0)$, $\vec{e_2}=(0, 1)$とおくと，
$\overrightarrow{OA}=a\vec{e_1}+b\vec{e_2}$ ……① と表せるんだね。この様子を図**2**に示す。

図**2** 成分表示されたベクトル
$\overrightarrow{OA}=(a, b)=a\vec{e_1}+b\vec{e_2}$

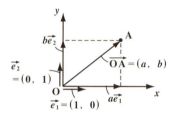

図**3** 複素数平面

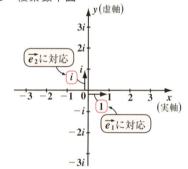

では次，複素数平面について，その実軸と虚軸の目盛りをキチンと示すと，実軸(x軸)のメモリは，実数で
…，$-2, -1, 0, 1, 2, 3,$ …
であるけれど，虚軸(y軸)の目盛りは
…，$-2i, -i, 0, i, 2i, 3i,$ …
となるんだね。ということは，図**2**の**2**つの基本ベクトル$\vec{e_1}=(1, 0)$と$\vec{e_2}=(0, 1)$に対応するものが，複素数平面においては，それぞれ**1**とiということになるんだね。これから複素数$\alpha=a+bi$を
$\alpha=a\cdot\underline{1}_{\vec{e_1}}+b\cdot\underline{i}_{\vec{e_2}に対応する}$ ……② と表せば…

どう？ 見事に，複素数αの式②が，成分表示された平面ベクトル$\overrightarrow{OA}$の式①と対応していることが分かるだろう？ このように，点αは，$\overrightarrow{OA}$の成分表示と同じ構造をしているので，点**A**と同様に，複素数平面上では，

10

点 α と表現できるんだね。これで納得いっただろう？

では次，複素数の**絶対値**についても解説しよう。図4に示すように，複素数 $\alpha = a+bi$ について，原点0と点 $\mathbf{A}(\alpha)$ と（点 α と同じ）の間の距離を，複素数 α の**絶対値**と呼び，これを $|\alpha|$ で表す。これは，三平方の定理より $|\alpha|=\sqrt{a^2+b^2}$ となることも大丈夫だね。以上をまとめておこう。

図4 複素数 α の絶対値 $|\alpha|$

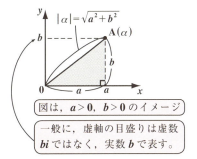

図は，$a>0$，$b>0$ のイメージ

一般に，虚軸の目盛りは虚数 bi ではなく，実数 b で表す。

複素数 α の絶対値 $|\alpha|$

複素数 $\alpha = a+bi$（a，b：実数，i：虚数単位）の絶対値 $|\alpha|$ は，$|\alpha|=\sqrt{a^2+b^2}$ となる。

これは，平面ベクトル $\overrightarrow{\mathrm{OA}}=(a, b)$ のときの $|\overrightarrow{\mathrm{OA}}|=\sqrt{a^2+b^2}$ と同じだ。

では，次の練習問題をやってみよう。

練習問題 1　複素数の絶対値　CHECK 1　CHECK 2　CHECK 3

次の複素数を複素数平面上の点で示し，またその絶対値を求めよ。
$\alpha = 3+2i$，$\beta = 3-2i$，$\gamma = -2$，$\delta = -3i$

一般に，複素数 $\alpha = a+bi$ は，点 $\mathrm{A}(a, b)$ を表し，また，その絶対値 $|\alpha|$ は，$|\alpha|=\sqrt{a^2+b^2}$ で求まるんだね。実際に計算してみよう。

複素数 α，β，γ，δ の表す点を，それぞれ $\mathrm{A}(\alpha)$，$\mathrm{B}(\beta)$，$\mathrm{C}(\gamma)$，$\mathrm{D}(\delta)$ と表して，複素数平面上の点で表すと，右図のようになる。

実数 $\gamma = -2$ は実軸上の点 C に，また純虚数 $\delta = -3i$ は虚軸上の点 D になることに気を付けよう。

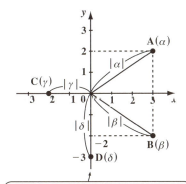

一般に，複素数平面の虚軸の目盛りは，このように実数で表す。

次に、各複素数の絶対値を求めておこう。

・$\alpha = \underset{\boxed{a}}{3} + \underset{\boxed{b}}{2}i$ より、$|\alpha| = \sqrt{3^2 + 2^2} = \sqrt{9+4} = \sqrt{13}$ ← 公式：$\alpha = a + bi$ のとき $|\alpha| = \sqrt{a^2 + b^2}$

・$\beta = 3 - 2i = \underset{\boxed{a}}{3} + \underset{\boxed{b}}{(-2)} \cdot i$ より、$|\beta| = \sqrt{3^2 + (-2)^2} = \sqrt{9+4} = \sqrt{13}$

・$\gamma = -2 = \underset{\boxed{a}}{-2} + \underset{\boxed{b}}{0} \cdot i$ より、$|\gamma| = \sqrt{(-2)^2 + 0^2} = \sqrt{4} = 2$

・$\delta = -3i = \underset{\boxed{a}}{0} + \underset{\boxed{b}}{(-3)} \cdot i$ より、$|\delta| = \sqrt{0^2 + (-3)^2} = \sqrt{9} = 3$

どう？これで、複素数の絶対値の計算の仕方にも自信がついた？

● 重要公式 $|\alpha|^2 = \alpha \cdot \overline{\alpha}$ を押さえよう！

複素数 $\alpha = a + bi$ の共役複素数 $\overline{\alpha}$ は、$\overline{\alpha} = a - bi$ で定義されるんだったね。
（これは"共役な複素数"ともいう。）
実は、練習問題1の $\alpha = 3 + 2i$ の共役複素数 $\overline{\alpha}$ が $\beta = 3 - 2i$ だったんだね。この共役な関係とは、相対的なもので、$3 + 2i$ の共役複素数は $3 - 2i$ だけれど、逆に、$3 - 2i$ の共役複素数は $3 + 2i$ とも言えるんだね。大丈夫？

ここで、$\alpha = a + bi$ と $\overline{\alpha} = a - bi$、$-\alpha = -(a + bi) = -a - bi$、$-\overline{\alpha} = -(a - bi) = -a + bi$ の4点を、複素数平面上に示すと、図5のようになるのはいいね。

α と $\overline{\alpha}$ は実軸に関して対称であり、α と $-\alpha$ は原点に関して対称となる。また、α と $-\overline{\alpha}$ は虚軸に関して対称であることも分かるね。

図5 $\alpha, \overline{\alpha}, -\alpha, -\overline{\alpha}$ の位置関係

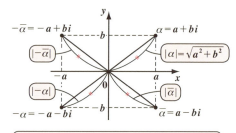

（これは、$a > 0, b > 0$ のときのイメージだ。）

図5に示すように、4点 α, $\overline{\alpha}$, $-\alpha$, $-\overline{\alpha}$ の原点0からの距離はすべて等しいので、これらの絶対値はみんな等しい。よって、
$|\alpha| = |\overline{\alpha}| = |-\alpha| = |-\overline{\alpha}|$ ……($*1$)　が成り立つんだね。

また，$|\alpha|=\sqrt{a^2+b^2}$ より，この両辺を 2 乗して，

$|\alpha|^2=a^2+b^2$ …① となる。　ここで，$\alpha\cdot\overline{\alpha}$ を求めると，

$\alpha\cdot\overline{\alpha}=(a+bi)\cdot(a-bi)=a^2-\underline{(bi)^2}=a^2-(-1)\cdot b^2=a^2+b^2$ ……②

$$\boxed{b^2i^2=b^2\cdot(-1)}$$

となって，①と一致する。これから，公式：

$|\alpha|^2=\alpha\cdot\overline{\alpha}$ ……(＊2) も導ける。これは，とても重要な公式なので，シッカリ頭に入れておこう。

では，以上をまとめて下に示そう。

複素数の絶対値の性質

複素数 $\alpha=a+bi$ について，次式が成り立つ。

(1) $|\alpha|=|\overline{\alpha}|=|-\alpha|=|-\overline{\alpha}|$　　　　(2) $|\alpha|^2=\alpha\cdot\overline{\alpha}$ $(=a^2+b^2)$

この 4 つの絶対値はいずれも $\sqrt{a^2+b^2}$ になるんだね。

● 他の共役複素数や絶対値の公式も押さえよう！

共役な複素数の和・差・積・商について，次の公式が成り立つ。

共役複素数の和・差・積・商の公式

2 つの複素数 α，β について，次の公式が成り立つ。

(1) $\overline{\alpha+\beta}=\overline{\alpha}+\overline{\beta}$　　　　(2) $\overline{\alpha-\beta}=\overline{\alpha}-\overline{\beta}$

(3) $\overline{\alpha\cdot\beta}=\overline{\alpha}\cdot\overline{\beta}$　　　　(4) $\overline{\left(\dfrac{\alpha}{\beta}\right)}=\dfrac{\overline{\alpha}}{\overline{\beta}}$ $(\beta\neq 0)$

これらの公式が成り立つことを，$\alpha=1+3i$，$\beta=2+i$ の例を使って確認しておくことにしよう。

(1) $\begin{cases} \overline{\alpha+\beta}=\overline{1+3i+2+i}=\overline{3+4i}=3-4i \\ \overline{\alpha}+\overline{\beta}=\overline{1+3i}+\overline{2+i}=1-3i+2-i=3-4i \end{cases}$

　　よって，$\overline{\alpha+\beta}=\overline{\alpha}+\overline{\beta}$ となることが，確認できた。

(2) $\begin{cases} \overline{\alpha-\beta}=\overline{1+3i-(2+i)}=\overline{1+3i-2-i}=\overline{-1+2i}=-1-2i \\ \overline{\alpha}-\overline{\beta}=\overline{1+3i}-\overline{(2+i)}=1-3i-(2-i)=1-2-3i+i=-1-2i \end{cases}$

よって，$\overline{\alpha-\beta}=\overline{\alpha}-\overline{\beta}$ となることが，確認できた。

(3) $\begin{cases} \overline{\alpha\times\beta}=\overline{(1+3i)(2+i)}=\overline{2+i+6i+3i^2}=\overline{-1+7i} \\ \phantom{\overline{\alpha\times\beta}}\underset{\boxed{-1}}{} \\ \phantom{\overline{\alpha\times\beta}}=-1-7i \\ \overline{\alpha}\times\overline{\beta}=\overline{(1+3i)}\times\overline{(2+i)}=(1-3i)\times(2-i) \\ \phantom{\overline{\alpha}\times\overline{\beta}}=2-i-6i+3i^2=-1-7i \\ \phantom{\overline{\alpha}\times\overline{\beta}}\underset{\boxed{-1}}{} \end{cases}$

よって，$\overline{\alpha\times\beta}=\overline{\alpha}\times\overline{\beta}$ が成り立つことも確認できた。

(4) まず，$\dfrac{\alpha}{\beta}$ を求めよう。

$$\dfrac{\alpha}{\beta}=\dfrac{1+3i}{2+i}=\dfrac{(1+3i)(2-i)}{(2+i)(2-i)}$$

［$2-i+6i-3i^2=5+5i$］

分子・分母に $(2-i)$ をかけた。

こうして，分母を実数化するんだったね。

［$2^2-i^2=4-(-1)=5$］

$$=\dfrac{5+5i}{5}=1+i \quad \text{となる。よって，}$$

$\begin{cases} \cdot\ \overline{\left(\dfrac{\alpha}{\beta}\right)}=\overline{1+i}=1-i \\ \cdot\ \dfrac{\overline{\alpha}}{\overline{\beta}}=\dfrac{\overline{1+3i}}{\overline{2+i}}=\dfrac{1-3i}{2-i}=\dfrac{(1-3i)(2+i)}{(2-i)(2+i)} \\ \phantom{\cdot\ \dfrac{\overline{\alpha}}{\overline{\beta}}}=\dfrac{5-5i}{5}=1-i \quad \text{となる。} \end{cases}$

分母の実数化

［$2+i-6i-3i^2=5-5i$］

分子・分母に $(2+i)$ をかけた。

［$2^2-i^2=5$］

よって，$\overline{\left(\dfrac{\alpha}{\beta}\right)}=\dfrac{\overline{\alpha}}{\overline{\beta}}$ が成り立つことも確認できたんだね。

以上は，あくまでも，例題による公式の確認であって，証明ではないんだけれど，公式の意味がよく分かったと思う。後は，これらの公式は，問題を解く上での便利な道具と考えて，どんどん使いこなしていくことが大事なんだね。

14

さらに，共役複素数 $\overline{\alpha}$ は，複素数 α が（ⅰ）実数か，または（ⅱ）純虚数

$$\underbrace{(2,\ -1,\ \sqrt{3},\ \cdots \text{など})}\quad \underbrace{(2i,\ -i,\ \sqrt{3}\,i,\ \cdots \text{など})}$$

かを見分ける次の公式でも，使われているんだよ。

α の実数条件と純虚数条件

複素数 α について，

（ⅰ）α が実数 $\iff \alpha = \overline{\alpha}$

（ⅱ）α が純虚数 $\iff \alpha + \overline{\alpha} = 0$ かつ $\alpha \neq 0$

ン？意味がよく分からんって!?　いいよ。解説しよう。

（ⅰ）・$\alpha = a$（実数）であるならば，$\alpha = a + 0 \cdot i$ と表せるので，この共役
　　　な複素数 $\overline{\alpha}$ は，$\overline{\alpha} = a - 0 \cdot i = a$ となる。よって，$\alpha = \overline{\alpha}$ となる。

　　・逆に，$\alpha = a + bi$ として，$\alpha = \overline{\alpha}$ のとき，$\cancel{a} + bi = \cancel{a} - bi$ より
　　　$2bi = 0$　ここで，$2i \neq 0$ より，$b = 0$ となって，$\alpha = a$（実数）となる。

　　以上より，$\alpha = \overline{\alpha}$ は，α が実数であるための必要十分条件なんだね。

（ⅱ）・$\alpha = bi$（純虚数，$b \neq 0$）であるならば，$\alpha = 0 + bi$ と表せるので，
　　　この共役複素数 $\overline{\alpha}$ は，$\overline{\alpha} = 0 - bi = -bi$ となる。

　　　よって，$\alpha + \overline{\alpha} = bi - bi = 0$　となるんだね。

　　・逆に，複素数 $\alpha = a + bi$ が，$\alpha + \overline{\alpha} = 0$ をみたすならば，
　　　$\underbrace{a + bi}_{\alpha} + \underbrace{a - bi}_{\overline{\alpha}} = 2a = 0$，すなわち $a = 0$ となるので，$\alpha = bi$ となる。

　　　ただし，$b = 0$ のとき，$\alpha = 0$（実数）も，$\alpha + \overline{\alpha} = 0$ をみたすので，
　　　$b \neq 0$，すなわち $\alpha \neq 0$ のとき α は，$\alpha = bi$（純虚数，$b \neq 0$）になる
　　　んだね。

　　以上より，$\alpha + \overline{\alpha} = 0$ かつ $\alpha \neq 0$ が，α が純虚数であるための必要十
　　　分条件になるんだね。納得いった？

以上，α の（ⅰ）実数条件（$\alpha = \overline{\alpha}$），および（ⅱ）純虚数条件（$\alpha + \overline{\alpha} = 0$ か
つ $\alpha \neq 0$）も，これでよく理解できただろう？

　では次，絶対値の積と商の公式も紹介しておこう。

15

絶対値の積・商の公式

$$(1)\ |\alpha\beta| = |\alpha||\beta| \quad (2)\ \left|\frac{\alpha}{\beta}\right| = \frac{|\alpha|}{|\beta|} \quad (\beta \neq 0)$$

> 一般に，
> $|\alpha + \beta| \neq |\alpha| + |\beta|$
> $|\alpha - \beta| \neq |\alpha| - |\beta|$ だ。
> これは，要注意だよ！

それじゃ，次の練習問題で，これらの公式が成り立つことを確認してみよう。

練習問題 2	絶対値の積・商の公式	CHECK 1	CHECK 2	CHECK 3

$\alpha = 1 + 3i$, $\beta = 2 + i$ のとき，次の公式が成り立つことを確認せよ。

$(1)\ |\alpha\beta| = |\alpha||\beta|$ $(2)\ \left|\dfrac{\alpha}{\beta}\right| = \dfrac{|\alpha|}{|\beta|}$

(1) では，まず $\alpha\beta$ を，また (2) では，まず $\dfrac{\alpha}{\beta}$ を計算するといいよ。

(1)

$\cdot\ \alpha\beta = (1+3i)(2+i) = 2 + i + 6i + 3\overset{(-1)}{i^2} = -1 + 7i$ より，

$|\alpha\beta| = |-1+7i| = \sqrt{(-1)^2 + 7^2} = \sqrt{1+49} = \underset{\underset{\boxed{5^2 \times 2}}{}}{\sqrt{50}} = 5\sqrt{2}$

$\cdot\ |\alpha| = |1+3i| = \sqrt{1^2 + 3^2} = \sqrt{10}$, $|\beta| = |2 + 1 \cdot i| = \sqrt{2^2 + 1^2} = \sqrt{5}$ より，

$|\alpha| \cdot |\beta| = \underset{\boxed{\sqrt{2}\cdot\sqrt{5}}}{\sqrt{10}} \cdot \sqrt{5} = 5\sqrt{2}$

よって，$|\alpha\beta| = |\alpha| \cdot |\beta|$ が成り立つことが確認できた。

(2)

$\cdot\ \dfrac{\alpha}{\beta} = \dfrac{1+3i}{2+i} = \dfrac{(1+3i)(2-i)}{(2+i)(2-i)} = \dfrac{5+5i}{5} = 1 + i$ より，

> この計算は
> P14 で既に
> やっている。

$\left|\dfrac{\alpha}{\beta}\right| = |1 + 1 \cdot i| = \sqrt{1^2 + 1^2} = \sqrt{2}$

$\cdot\ \dfrac{|\alpha|}{|\beta|} = \dfrac{\sqrt{10}}{\sqrt{5}} = \sqrt{2}$

> 上で計算したように
> $|\alpha| = \sqrt{10}$, $|\beta| = \sqrt{5}$ だからね。

よって，$\left|\dfrac{\alpha}{\beta}\right| = \dfrac{|\alpha|}{|\beta|}$ が成り立つことも確認できたんだね。

● **複素数の実数倍は，ベクトルとソックリ！？**

0 でない複素数 $\alpha = a + bi$ に，実数 k をかけた $k\alpha$ がどのような点になるのか，$k = -1, \frac{1}{2}, 1, 2$ の 4 つの場合について，図 6 に示しておいた。

図 6 複素数の実数倍

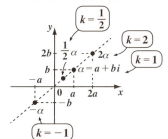

複素数 $\alpha = a + bi$ と $\overrightarrow{OA} = (a, b)$ とは同じ構造をしているので，$k\overrightarrow{OA}$ の $k = -1, \frac{1}{2}, 1, 2$ の場合 (下図) とまったく同様であることが分かるはずだ。

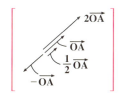

では次，複素数平面上の異なる 3 点 $0, \alpha, \beta$ が同一直線上にあるための条件が，実数 k を用いて次のように表せるのも大丈夫だね。

$\beta = k\alpha$ ……① (k：実数，$\alpha \neq 0, \beta \neq 0$)

これは，α, β の表す点を $A(\alpha), B(\beta)$ とおくと，O, A, B が同一直線上にあるための条件が，

$\overrightarrow{OB} = k\overrightarrow{OA}$ ……①′ と，同様だからだ。

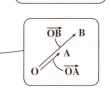

①′ より，$\overrightarrow{OA} /\!/ \overrightarrow{OB}$ (平行)，かつ点 O を共有するので，3 点 O, A, B は同一直線上に存在する。

(ex) $\alpha = 2 - \sqrt{2}i, \beta = x + 2i$ (x：実数) について，$0, \alpha, \beta$ が同一直線上にあるとき，x の値を求めてみよう。

このとき，$\beta = k\alpha$ (k：実数) より，

$\underbrace{x + 2i}_{\beta} = k\underbrace{(2 - \sqrt{2}i)}_{\alpha} = 2k - \sqrt{2}ki$

$\therefore x = 2k$ …㋐，かつ $2 = -\sqrt{2}k$ …㋑

㋑ より，$k = -\sqrt{2}$ よって㋐ より，$x = 2 \cdot (-\sqrt{2}) = -2\sqrt{2}$

$\alpha = a + bi, \beta = c + di$ が $\alpha = \beta$ のとき，
$a + bi = c + di$ より，
$a = c$ かつ $b = d$ となる。
これを，**複素数の相等**というんだったね。

● **複素数の和と差も，ベクトルとソックリ！？**

では次に，2つの複素数の和と差についても解説しよう。

(I) **2つの複素数の和**

2つの複素数 $\alpha = a + bi$ と $\beta = c + di$ の和を γ とおくと，$\gamma = \alpha + \beta$ だね。すると，図7に示すように，線分 0α と 0β を2辺にもつ平行四辺形の対角線の頂点の位置に γ はくるんだよ。

これは，α, β, γ を点 A, B, C とおくと，$\overrightarrow{OC} = \overrightarrow{OA} + \overrightarrow{OB}$ と同じなんだね。このベクトルの和の図も，図7の下に示しておいた。

図7 複素数の和

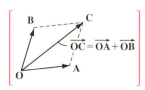

(II) **2つの複素数の差**

また，2つの複素数 α と β の差を δ とおくと，$\delta = \alpha - \beta = \alpha + (-\beta)$ となる。よって，図8に示すように，線分 0α と線分 $0(-\beta)$ を2辺にもつ平行四辺形の頂点の位置に点 δ はくるんだね。

これも，点 δ を点 D とおいて，ベクトルで表すと，

$\overrightarrow{OD} = \overrightarrow{OA} - \overrightarrow{OB}$ となる。このベクトルの差の図も，図8の下に示しておいた。

図8 複素数の差

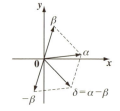

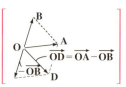

以上 (I), (II) より，複素数の和・差は，図形的には，ベクトルの和・差とまったく同様であることが分かったと思う。

であるならば，2点 A, B の間の距離は，ベクトルでは，

$|\overrightarrow{BA}| = |\overrightarrow{OA} - \overrightarrow{OB}|$ ← これは，まわり道の原理 $\overrightarrow{BA} = \overrightarrow{OA} - \overrightarrow{OB}$ を使った。

と表されるから，複素数平面上の2点 α, β の間の距離も $|\alpha - \beta|$ で求められるんじゃないかって！？ いい勘してるね。その通りです。ここで，$\alpha = a + bi$, $\beta = c + di$ を使って，具体的に求めてみよう。

$\alpha - \beta = (a+bi) - (c+di) = (a-c) + (b-d)i$ より,

（実部）（虚部）

この絶対値 $|\alpha - \beta|$, すなわち 2 点 α, β 間の距離は, 次のようになる。

2 点 α, β 間の距離

点 $\alpha = a+bi$ と $\beta = c+di$ との間の距離は, 次式で求められる。
$|\alpha - \beta| = \sqrt{(a-c)^2 + (b-d)^2}$ となる。

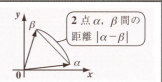

2 点 α, β 間の距離 $|\alpha - \beta|$

これも, $\vec{OA} = (a, b)$, $\vec{OB} = (c, d)$ とおくと, 2 点 A, B 間の距離は, $|\vec{BA}| = |\vec{OA} - \vec{OB}| = \sqrt{(a-c)^2 + (b-d)^2}$ となるので, ベクトルとまった

$(a, b) - (c, d) = (a-c, b-d)$

く同様であることが分かると思う。

練習問題 3　複素数の和・差と絶対値　CHECK 1　CHECK 2　CHECK 3

$\alpha = 3+2i$, $\beta = 2-i$ について,
(1) $\alpha + \beta$ と $|\alpha + \beta|$ を求めよ。　(2) $\alpha - \beta$ と $|\alpha - \beta|$ を求めよ。

(2) の $|\alpha - \beta|$ が, 2 点 α, β 間の距離になるんだね。公式通りに求めよう。

(1) $\alpha + \beta = 3+2i+2-i = 5+1 \cdot i$
よって, $|\alpha + \beta| = \sqrt{5^2 + 1^2} = \sqrt{25+1} = \sqrt{26}$　← $\alpha = a+bi$ のとき, $|\alpha| = \sqrt{a^2+b^2}$ だからね。

(2) $\alpha - \beta = 3+2i - (2-i) = 1+3i$
よって, $|\alpha - \beta| = \sqrt{1^2 + 3^2} = \sqrt{1+9} = \sqrt{10}$　← これが, α, β 間の距離

以上で，今日の講義は終了です。これで，複素数平面についての基本の解説がすべて終わったんだね。内容が盛り沢山だったけれど，平面ベクトルとの共通点が多かったので，理解はしやすかったと思う。よ〜く，復習して，次回の講義に臨んでくれ。

　それじゃ，みんな元気でね。次回，また会おう。さようなら…。

19

2nd day 複素数の極形式, ド・モアブルの定理

おはよう！みんな，元気そうだね。サァ，複素数平面も 2 回目の講義に入ろう。前回は複素数の実数倍や，2 つの複素数の和・差を中心に解説し，これらが平面ベクトルと同様であることも示したね。でも，今日のテーマである 2 つの複素数同士の積や商になると，今度は回転などが絡んできて，前回とはまったく異なる，複素数独特の性質が現われるんだね。

ン？面白そうだけれど，難しそうだって？大丈夫！今回もまた，分かりやすく解説するからね。ここでは，まず，複素数の"**極形式**"について解説し，これを基に 2 つの複素数の積や商の図形的な意味について教えよう。また，極形式の応用として，"**ド・モアブルの定理**"や複素数の"**n 乗根**"の求め方まで解説するつもりだ。みんな，頑張ろうな！

● 複素数を極形式で表そう！

図 1(ⅰ) に示すように，複素数 $z = a + bi$ (a，b：実数) を複素数平面上に表して，0，z 間の距離，すなわち絶対値 $|z|$ を r (> 0) とおくことにする。また，線分 $0z$ と x 軸 (実軸) の正の向きとのなす角を**偏角**といい，これを θ とおくことにしよう。

すると，図 1(ⅱ) に示すように，三角関数の定義より，

図 1　複素数の極形式

(ⅰ)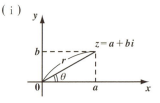

(ⅱ)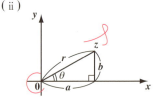

$\dfrac{a}{r} = \cos\theta$，$\dfrac{b}{r} = \sin\theta$ となるのはいいね。

これから，$a = r\cos\theta$，$b = r\sin\theta$ となるんだね。これを

$z = a + bi$ に代入すると，

$z = r\cos\theta + r\sin\theta \cdot i$ となるので，r をくくり出して，

$z = r(\cos\theta + i\sin\theta)$ …① と変形でき，これを複素数 z の**極形式**という。以上をまとめておこう。

複素数 z の極形式

一般に，複素数 $z = a + bi$ は，次の極形式で表すことができる。

$z = r(\cos\theta + i\sin\theta)$ ……① （r：絶対値，θ：偏角）

$z = a + bi$ のとき，z の絶対値 r は，$r = |z| = \sqrt{a^2 + b^2}$ で計算できる。よって，$z = a + bi$ の右辺から，ムリやりこの $\sqrt{a^2 + b^2}$ をくくり出すと，

$$z = \underset{\boxed{r \text{ のこと}}}{\sqrt{a^2 + b^2}} \left(\underset{\boxed{\cos\theta}}{\frac{a}{\sqrt{a^2 + b^2}}} + \underset{\boxed{\sin\theta \text{ と表せる！}}}{\frac{b}{\sqrt{a^2 + b^2}}} \cdot i \right)$$

ここで，$\dfrac{a}{\sqrt{a^2 + b^2}} = \cos\theta$，$\dfrac{b}{\sqrt{a^2 + b^2}} = \sin\theta$ と表せるので，z は極形式

$z = r(\cos\theta + i\sin\theta)$ ……① で表せるんだね。

ここで，偏角 θ は $\underline{arg\ z}$ とも表される。この偏角 θ について，

これは，"アーギュメント z"，または "z の偏角" と読む。

$\Bigl($ (ⅰ) $\underset{\boxed{360° \text{のこと}}}{0 \leqq \theta < 2\pi}$ の範囲の指定があれば，$\underset{\boxed{\text{"1 通りに" という意味}}}{\text{一意}}$ に決まるけれど，

(ⅱ) 範囲の指定がなければ，偏角の **1** つを θ_0 とおくと，θ は一般角として，$\theta = \theta_0 + 2n\pi$ （n：整数）と表される。

では，次の練習問題で，実際に極形式を作ってみよう。

練習問題 4 　極形式　CHECK 1　CHECK 2　CHECK 3

次の複素数を極形式で表せ。ただし，偏角 θ は，$0 \leqq \theta < 2\pi$ とする。

(1) $1 + i$ 　　(2) $1 + \sqrt{3}\,i$ 　　(3) $\sqrt{3} - i$

$z = a + bi = \underset{\boxed{r}}{\sqrt{a^2 + b^2}} \left(\underset{\boxed{\cos\theta}}{\frac{a}{\sqrt{a^2 + b^2}}} + \underset{\boxed{\sin\theta}}{\frac{b}{\sqrt{a^2 + b^2}}} i \right) = r(\cos\theta + i\sin\theta)$ の変形だね。

21

(1) $\underbrace{1}_{\boxed{a}}+\underbrace{1}_{\boxed{b}}\cdot i = \underbrace{\sqrt{2}}_{\substack{r=\sqrt{a^2+b^2}=\sqrt{1^2+1^2}\\ \text{をムリやりくくり出す}}}\left(\underbrace{\frac{1}{\sqrt{2}}}_{\cos\frac{\pi}{4}}+\underbrace{\frac{1}{\sqrt{2}}}_{\sin\frac{\pi}{4}}i\right)$

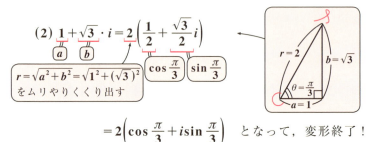

$= \sqrt{2}\left(\cos\frac{\pi}{4}+i\sin\frac{\pi}{4}\right)$ となって，極形式になった！

(2) $\underbrace{1}_{\boxed{a}}+\underbrace{\sqrt{3}}_{\boxed{b}}\cdot i = \underbrace{2}_{\substack{r=\sqrt{a^2+b^2}=\sqrt{1^2+(\sqrt{3})^2}\\ \text{をムリやりくくり出す}}}\left(\underbrace{\frac{1}{2}}_{\cos\frac{\pi}{3}}+\underbrace{\frac{\sqrt{3}}{2}}_{\sin\frac{\pi}{3}}i\right)$

$= 2\left(\cos\frac{\pi}{3}+i\sin\frac{\pi}{3}\right)$ となって，変形終了！

(3) は間違いやすいので，まず誤った解答例を示そう。

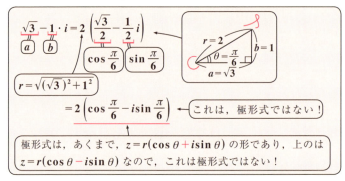

$\underbrace{\sqrt{3}}_{\boxed{a}}-\underbrace{1}_{\boxed{b}}\cdot i = 2\left(\underbrace{\frac{\sqrt{3}}{2}}_{\cos\frac{\pi}{6}}-\underbrace{\frac{1}{2}}_{\sin\frac{\pi}{6}}i\right)$

$r=\sqrt{(\sqrt{3})^2+1^2}$

$= 2\left(\cos\frac{\pi}{6}-i\sin\frac{\pi}{6}\right)$ ← これは，極形式ではない！

極形式は，あくまで，$z=r(\cos\theta+i\sin\theta)$ の形であり，上のは $z=r(\cos\theta-i\sin\theta)$ なので，これは極形式ではない！

では，これから正解を示そう。

$\underbrace{\sqrt{3}}_{\boxed{a}}+\underbrace{(-1)}_{\boxed{b}}\cdot i = \underbrace{2}_{\substack{r=\sqrt{(\sqrt{3})^2+(-1)^2}\text{を}\\ \text{ムリやりくくり出す}}}\left(\underbrace{\frac{\sqrt{3}}{2}}_{\cos\frac{11}{6}\pi}+\underbrace{\frac{-1}{2}}_{\sin\frac{11}{6}\pi}\cdot i\right)$

$= 2\left(\cos\frac{11}{6}\pi+i\sin\frac{11}{6}\pi\right)$ となって，これが極形式だ！

ここで, もし偏角 θ に $0 \leqq \theta < 2\pi$ の条件がなければ, θ は一般角で表される。

だから, 例えば (1) の極形式は, $\sqrt{2}\left\{\cos\left(\dfrac{\pi}{4} + 2n\pi\right) + i\sin\left(\dfrac{\pi}{4} + 2n\pi\right)\right\}$

(n：整数) となるんだね。

大丈夫?

> n 回回転しても, 同じ $\dfrac{\pi}{4}$ の位置にくるからね。

● 複素数のかけ算では, 偏角はたし算になる!

2 つの複素数 z_1, z_2 が, それぞれ次のような極形式：

$z_1 = r_1(\cos\theta_1 + i\sin\theta_1)$ ……① , $\quad z_2 = r_2(\cos\theta_2 + i\sin\theta_2)$ ……②

$\quad (r_1 = |z_1|, \ \theta_1 = arg\, z_1)$ $\qquad\qquad (r_2 = |z_2|, \ \theta_2 = arg\, z_2)$

で表されるとき, z_1 と z_2 の積 $z_1 \cdot z_2$ と商 $\dfrac{z_1}{z_2}$ の極形式は, 次のようになるんだね。

■ z_1 と z_2 の積と商の極形式

(1) $z_1 \times z_2 = r_1 r_2 \{\cos(\theta_1 + \theta_2) + i\sin(\theta_1 + \theta_2)\}$ ……($*1$)

(2) $\dfrac{z_1}{z_2} = \dfrac{r_1}{r_2}\{\cos(\theta_1 - \theta_2) + i\sin(\theta_1 - \theta_2)\}$ ………($*2$)

---

(1)($*1$) が成り立つことを証明しよう。

$z_1 \times z_2 = r_1(\cos\theta_1 + i\sin\theta_1) \cdot r_2(\cos\theta_2 + i\sin\theta_2)$

$\qquad = r_1 \cdot r_2 (\cos\theta_1 + i\sin\theta_1) \cdot (\cos\theta_2 + i\sin\theta_2)$

$\qquad\qquad\qquad\qquad\qquad\qquad\qquad\qquad\qquad\quad (-1)$

$\qquad = r_1 r_2(\cos\theta_1\cos\theta_2 + i\cos\theta_1\sin\theta_2 + i\sin\theta_1\cos\theta_2 + i^2\sin\theta_1\sin\theta_2)$

$\qquad = r_1 r_2\{\underline{\cos\theta_1\cos\theta_2 - \sin\theta_1\sin\theta_2} + i(\underline{\sin\theta_1\cos\theta_2 + \cos\theta_1\sin\theta_2})\}$

$\qquad\qquad\qquad\quad \boxed{\cos(\theta_1 + \theta_2)} \qquad\qquad\qquad \boxed{\sin(\theta_1 + \theta_2)}$

> 三角関数の加法定理
> $\begin{cases} \cos(\theta_1 + \theta_2) = \cos\theta_1\cos\theta_2 - \sin\theta_1\sin\theta_2 \\ \sin(\theta_1 + \theta_2) = \sin\theta_1\cos\theta_2 + \cos\theta_1\sin\theta_2 \end{cases}$

$\qquad = r_1 r_2\{\cos(\theta_1 + \theta_2) + i\sin(\theta_1 + \theta_2)\}$ ……($*1$) が成り立つ。

> 絶対値はかけ算
> 偏角はたし算

このように，z_1 と z_2 の積 $z_1 \cdot z_2$ の絶対値は同じく $r_1 r_2$ と，積 (かけ算) の形になるんだけれど，偏角は $\theta_1 + \theta_2$ と和 (たし算) の形になることに注意しよう。

(2) では，**(＊2)** も成り立つことを証明してみよう。

$$\frac{z_1}{z_2} = \frac{r_1(\cos\theta_1 + i\sin\theta_1)}{r_2(\cos\theta_2 + i\sin\theta_2)}$$

分子・分母に $(\cos\theta_2 - i\sin\theta_2)$ をかけた。

$$= \frac{r_1}{r_2} \cdot \frac{(\cos\theta_1 + i\sin\theta_1)(\cos\theta_2 - i\sin\theta_2)}{(\cos\theta_2 + i\sin\theta_2)(\cos\theta_2 - i\sin\theta_2)}$$

$$\cos^2\theta_2 - \underset{(-1)}{i^2}\sin^2\theta_2 = \cos^2\theta_2 + \sin^2\theta_2 = 1$$

分母は 1 になる！

$$= \frac{r_1}{r_2} \cdot (\cos\theta_1 + i\sin\theta_1)(\cos\theta_2 - i\sin\theta_2)$$

$$= \frac{r_1}{r_2} \cdot (\cos\theta_1\cos\theta_2 - i\cos\theta_1\sin\theta_2 + i\sin\theta_1\cos\theta_2 - \underset{(-1)}{i^2}\sin\theta_1\sin\theta_2)$$

$$= \frac{r_1}{r_2} \cdot \{\cos\theta_1\cos\theta_2 + \sin\theta_1\sin\theta_2 + i(\sin\theta_1\cos\theta_2 - \cos\theta_1\sin\theta_2)\}$$

$\cos(\theta_1 - \theta_2)$ 　　　　　　$\sin(\theta_1 - \theta_2)$

三角関数の加法定理
$$\begin{cases} \cos(\theta_1 - \theta_2) = \cos\theta_1\cos\theta_2 + \sin\theta_1\sin\theta_2 \\ \sin(\theta_1 - \theta_2) = \sin\theta_1\cos\theta_2 - \cos\theta_1\sin\theta_2 \end{cases}$$

$$= \frac{r_1}{r_2}\{\cos(\theta_1 - \theta_2) + i\sin(\theta_1 - \theta_2)\} \quad \cdots\cdots (＊2)$$

絶対値は割り算　　　　偏角は引き算

このように，z_1 を z_2 で割った商の絶対値は同じく $\dfrac{r_1}{r_2}$ と商 (割り算) の形になるけれど，偏角は $\theta_1 - \theta_2$ と差 (引き算) の形になっていることに要注意だね。

(＊2) の特殊な場合として，$z_1 = 1$ (実数) のとき，この極形式は

$z_1 = 1 \cdot (\cos 0 + i \sin 0)$ となるので，$r_1 = 1$，$\theta_1 = 0$ を（＊2）に代入すると，

$\underset{r_1}{\underline{1}}$ $\quad$ $\underset{\theta_1}{\underline{0}}$ $\quad$ $\underset{\theta_1}{\underline{0}}$

> $z_1 = 1 + 0 \cdot i = \underset{r_1=1}{\underline{\sqrt{1^2 + 0^2}}}\,(\underset{\cos 0}{\underline{1}} + \underset{\sin 0}{\underline{0}} \cdot i)$ となるからね。もちろん，これを一般角で
>
> 表現して，$z_1 = 1 \cdot (\cos 2n\pi + i \sin 2n\pi)$（$n$：整数）としてもいいよ。

$\dfrac{1}{z_2} = \underset{r_1}{\dfrac{\underline{1}}{r_2}} \{\cos (\underset{\theta_1}{\underline{0}} - \theta_2) + i \sin (\underset{\theta_1}{\underline{0}} - \theta_2)\}$

$\therefore \dfrac{1}{z_2} = \dfrac{1}{r_2} \{\cos (-\theta_2) + i \sin (-\theta_2)\}$ ……（＊2）′ となる。これも，公式

$(\,$ ただし，$z_2 = r_2(\cos \theta_2 + i \sin \theta_2))$

として，頭に入れておこう。

　それでは，次の練習問題を解いてみよう。

練習問題 5	複素数の積と商	CHECK 1	CHECK 2	CHECK 3

2 つの複素数 $z_1 = 2(\cos 75° + i \sin 75°)$，$z_2 = \dfrac{1}{2}(\cos 15° + i \sin 15°)$ について，（ i ）$z_1 \cdot z_2$ と（ ii ）$\dfrac{z_1}{z_2}$ を求めよ。

角度の単位はラジアンでなくて，"度" でも同じだね。積と商の公式を使おう！

$z_1 = 2(\cos 75° + i \sin 75°)$，$z_2 = \dfrac{1}{2}(\cos 15° + i \sin 15°)$ より，

（ i ）$z_1 \cdot z_2 = 2 \cdot (\cos 75° + i \sin 75°) \cdot \dfrac{1}{2}(\cos 15° + i \sin 15°)$

$\qquad\qquad = \underset{\text{絶対値は積}}{\underline{2 \times \dfrac{1}{2}}} \{\cos(\underset{\text{偏角は和}}{\underline{75° + 15°}}) + i \sin(\underline{75° + 15°})\}$

$\qquad\qquad = \underset{\underline{0}}{\underline{\cos 90°}} + \underset{\underline{1}}{\underline{i \sin 90°}} = 0 + 1 \cdot i = i$ となる。

25

(ii) $\dfrac{z_1}{z_2} = \dfrac{2}{\dfrac{1}{2}} \cdot \{\cos(75° - 15°) + i\sin(75° - 15°)\}$

（絶対値は商／偏角は差）

$= 4 \times (\cos 60° + i\sin 60°) = 4 \times \left(\dfrac{1}{2} + \dfrac{\sqrt{3}}{2} \cdot i\right)$

$= 2 + 2\sqrt{3}\,i$　となって，答えだ。

これで，複素数同士の積や商の計算のやり方も分かっただろう？
では次，この複素数の積の図形的な意味について解説しよう。

● **複素数の積の図形的な意味は，これだ！**

複素数 $z = r_0(\cos\theta_0 + i\sin\theta_0)$ に，もう 1 つ別の複素数 $r(\cos\theta + i\sin\theta)$ をかけた複素数を w とおこう。つまり，

　　$w = r(\cos\theta + i\sin\theta) \cdot z$ ……①　ということだね。

このとき，点 z と点 w の図形的な関係は，次のようになるんだよ。

原点のまわりの回転と拡大（縮小）

$w = r(\cos\theta + i\sin\theta) \cdot z$ ⟺ 点 w は，点 z を原点 0 のまわりに θ だけ回転して，r 倍に拡大（または縮小）したものである。

$z = r_0(\cos\theta_0 + i\sin\theta_0)$ に $r(\cos\theta + i\sin\theta)$ をかけたものが w だから，

$w = r(\cos\theta + i\sin\theta)$
　　　$\times r_0(\cos\theta_0 + i\sin\theta_0)$
　$= r \cdot r_0 \{\cos(\theta + \theta_0) + i\sin(\theta + \theta_0)\}$

（w の絶対値／w の偏角）

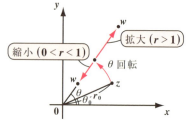

図 2　複素数の積の図形的意味

これから，w の偏角は $\theta + \theta_0$ より，点 z をまず原点のまわりに θ だけ回転するんだね。次に，w の絶対値は $r \times r_0$ なので，回転した後，r_0 を r 倍に

拡大 (または縮小) することになるんだね。当然
- (ⅰ) $r>1$ ならば，拡大し，
- (ⅱ) $r=1$ ならば，そのままで，
- (ⅲ) $0<r<1$ ならば，縮小することになるんだね。

この点 z を θ だけ回転して，r 倍に拡大 (または縮小) したものが点 w になる様子を図2に示しておいたので，イメージを頭に焼きつけるといいね。
ここで，$w=r(\cos\theta+i\sin\theta)\cdot z$ ……① の特殊な場合も解説しておこう。

・$\theta=0$ のとき，$\cos 0=1$，$\sin 0=0$ より，①は，

$w=\underline{r}\cdot z$ となるので，3点 $0, z, w$ は
（正の実数）

右図のように同一直線上に存在する。

・$\theta=\pi$ のとき，$\cos\pi=-1$，$\sin\pi=0$ より，①は，

$w=\underline{-r}\cdot z$ となるので，3点 $0, z, w$ は
（負の実数）

右図のように同一直線上に存在する。

・$\theta=\dfrac{\pi}{2}$ のとき，$\cos\dfrac{\pi}{2}=0$，$\sin\dfrac{\pi}{2}=1$ より，①は，

$w=\underline{ri}\cdot z$ となるので，点 w は点 z を
（純虚数）

原点 0 のまわりに $\dfrac{\pi}{2}(=90°)$ だけ回転して，r 倍に拡大 (または縮小) したものになる。

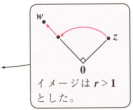

イメージは $r>1$ とした。

では，練習問題を1題解いておこう。

練習問題 6 複素数の積による点の移動　CHECK 1　CHECK 2　CHECK 3

点 $z=1-\sqrt{3}i$ を，原点のまわりに $\dfrac{\pi}{3}$ だけ回転して，2倍に拡大したものを点 w とする。点 w を求めよ。

題意より，$w=2\left(\cos\dfrac{\pi}{3}+i\sin\dfrac{\pi}{3}\right)z$ を計算すればいいんだね。

$z = 1 - \sqrt{3}\,i$ に，$r(\cos\theta + i\sin\theta) = 2\left(\cos\dfrac{\pi}{3} + i\sin\dfrac{\pi}{3}\right)$ をかけたものが，点 w になるんだね。

$\therefore\ w = 2\left(\dfrac{1}{2} + \dfrac{\sqrt{3}}{2}i\right)(1 - \sqrt{3}\,i)$

$\qquad = (1 + \sqrt{3}\,i)(1 - \sqrt{3}\,i)$

$\qquad = 1^2 - (\sqrt{3})^2 \cdot i^2 = 1 + 3 = 4$

となって，答えだ。この z から w への移動の様子を上図に示す。

● ド・モアブルの定理もマスターしよう！

複素数同士のかけ算では，偏角はたし算（和）になるので，$(\cos\theta + i\sin\theta)^2$ は，

$(\cos\theta + i\sin\theta)^2 = (\cos\theta + i\sin\theta)\cdot(\cos\theta + i\sin\theta)$

$\qquad\qquad\qquad = \cos(\theta + \theta) + i\sin(\theta + \theta)$

$\qquad\qquad\qquad = \cos 2\theta + i\sin 2\theta \ \cdots\cdots\text{①}$　となる。

同様に，$(\cos\theta + i\sin\theta)^3$ は，

$(\cos\theta + i\sin\theta)^3 = (\cos\theta + i\sin\theta)^2 \cdot (\cos\theta + i\sin\theta)$

$\qquad\qquad\qquad = (\cos 2\theta + i\sin 2\theta)\cdot(\cos\theta + i\sin\theta)$

$\qquad\qquad\qquad = \cos(2\theta + \theta) + i\sin(2\theta + \theta)$

$\qquad\qquad\qquad = \cos 3\theta + i\sin 3\theta$

同様に考えると，$(\cos\theta + i\sin\theta)^4 = \cos 4\theta + i\sin 4\theta$

$\qquad\qquad\qquad (\cos\theta + i\sin\theta)^5 = \cos 5\theta + i\sin 5\theta$

となるので，

一般に，自然数 $n = 1,\ 2,\ 3,\ \cdots$ に対して，公式

$(\cos\theta + i\sin\theta)^n = \cos n\theta + i\sin n\theta$ ……$(*1)$　$(n = 1,\ 2,\ 3,\ \cdots)$
が成り立つ。

これは，$n = 0$ のとき，$(\cos\theta + i\sin\theta)^0 = \underline{\cos(0\cdot\theta)} + \underline{i\sin(0\cdot\theta)} = 1$ とな

$\boxed{\cos 0 = 1}$　$\boxed{\sin 0 = 0}$

って成り立つし，また，$n = -1,\ -2,\ -3,\ \cdots$の負の整数のときも成り立つ。
これは，n が負の整数のとき $n = -\underline{m}$ とおくと，

$\boxed{\oplus の整数}$

$(\cos\theta + i\sin\theta)^n = (\cos\theta + i\sin\theta)^{-m} = \dfrac{1}{\underline{(\cos\theta + i\sin\theta)^m}}$

$\boxed{\cos m\theta + \sin m\theta}$

$= \dfrac{1}{\cos m\theta + i\sin m\theta}$

$= \cos(\underline{-m\theta}) + i\sin(\underline{-m\theta})$
$\boxed{n}$ 　　　　$\boxed{n}$

$\boxed{\begin{array}{l} z = r(\cos\theta + i\sin\theta)\ のとき, \\ \dfrac{1}{z} = \dfrac{1}{r}\{\cos(-\theta) + i\sin(-\theta)\} \\ (\text{P25})\ となるからね。 \end{array}}$

$= \cos n\theta + i\sin n\theta$ となって，やっぱり $(*1)$ は成り立つ。

以上より，次の**ド・モアブルの定理**が成り立つんだね。

ド・モアブルの定理

$(\cos\theta + i\sin\theta)^n = \cos n\theta + i\sin n\theta$ …$(*1)$　（n：整数）

$\boxed{n は 0 でも負の整数でもいい}$

(ex) **(1)** $\left(\cos\dfrac{\pi}{10} + i\sin\dfrac{\pi}{10}\right)^{20} = \cos\left(20\cdot\dfrac{\pi}{10}\right) + i\sin\left(20\cdot\dfrac{\pi}{10}\right)$

$\boxed{18°のこと}$　　　　　　$= \underline{\cos 2\pi} + \underline{i\sin 2\pi} = 1$

$\boxed{1}$　　$\boxed{0}$

(2) $\left(\cos\dfrac{\pi}{12} + i\sin\dfrac{\pi}{12}\right)^{-6} = \cos\left(-6\cdot\dfrac{\pi}{12}\right) + i\sin\left(-6\cdot\dfrac{\pi}{12}\right)$

$\boxed{15°のこと}$　　　　　　$= \cos\left(-\dfrac{\pi}{2}\right) + i\sin\left(-\dfrac{\pi}{2}\right) = -i$

$\boxed{\cos\dfrac{\pi}{2} = 0}$　$\boxed{-\sin\dfrac{\pi}{2} = -1}$

どう？ド・モアブルの定理の使い方にも，少しは慣れた？

| 練習問題 7 | ド・モアブルの定理 | CHECK 1 | CHECK 2 | CHECK 3 |

複素数 $z = 1 - i$ について，z^{10} を求めよ。

まず，z を極形式にすれば，ド・モアブルの定理が使えるようになるんだね。

z を極形式で表すと，

$$z = \underbrace{1}_{\textcircled{a}} + \underbrace{(-1)}_{\textcircled{b}} \cdot i = \underbrace{\sqrt{2}}_{\sqrt{a^2+b^2}} \left(\underbrace{\frac{1}{\sqrt{2}}}_{\cos\left(-\frac{\pi}{4}\right)} + \underbrace{\frac{-1}{\sqrt{2}}}_{\sin\left(-\frac{\pi}{4}\right)} i \right)$$

$$= \sqrt{2} \left\{ \cos\left(-\frac{\pi}{4}\right) + i\sin\left(-\frac{\pi}{4}\right) \right\} \quad \text{となる。}$$

よって，z^{10} を求めると，

$$z^{10} = \left[\sqrt{2} \left\{ \cos\left(-\frac{\pi}{4}\right) + i\sin\left(-\frac{\pi}{4}\right) \right\} \right]^{10}$$

$$= \underbrace{(\sqrt{2})^{10}}_{\left(2^{\frac{1}{2}}\right)^{10} = 2^5 = 32} \cdot \underbrace{\left\{ \cos\left(-\frac{\pi}{4}\right) + i\sin\left(-\frac{\pi}{4}\right) \right\}^{10}}_{\cos\left\{10 \times \left(-\frac{\pi}{4}\right)\right\} + i\sin\left\{10 \times \left(-\frac{\pi}{4}\right)\right\}}$$

$2^5 = 32$, $2^{10} = 1024$
は覚えておこう！

ド・モアブルの定理

$$= 32 \cdot \left\{ \underbrace{\cos\left(-\frac{5}{2}\pi\right)}_{\cos\left(-\frac{\pi}{2}\right) = \cos\frac{\pi}{2} = 0} + i\underbrace{\sin\left(-\frac{5}{2}\pi\right)}_{\sin\left(-\frac{\pi}{2}\right) = -\sin\frac{\pi}{2} = -1} \right\}$$

偏角に 2π をたして
も変化しない！

$$= 32 \times (0 - i) = -32i \quad \text{となって，答えだ！大丈夫だった？}$$

● **1 の n 乗根を求めよう！**

複素数の n 次方程式：$z^n = ($ 複素数 $)$ …① $(n = 2, 3, 4, \cdots)$ を解く問

たとえば，1, $2i$, $1 + \sqrt{3}\,i$, $\cdots$, などなど

題を，複素数の n 乗根の問題という。この最も単純な例は，

①の右辺 $= 1$ のとき，すなわち $z^n = 1$ …①′ $(n = 2, 3, 4, \cdots)$ なんだね。

さらに，$n=2$ のとき，①′は $z^2=1$ …② となって，見慣れた z の 2 次方程式になるんだね。これを解くと，（1の2乗根という）
$z^2-1=0$, $(z+1)(z-1)=0$ ∴ $z=\pm 1$
となる。では，①′で $n=3$, 4 のとき，z はどうなるのか？次の練習問題を解いてみよう。

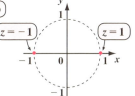

練習問題 8 　1の3乗根　CHECK1　CHECK2　CHECK3

z の 3 次方程式：$z^3=1$ …㋐ をみたす z（1の3乗根）を求めよ。

$z=r(\cos\theta+i\sin\theta)$, $1=1\cdot(\cos 2n\pi+i\sin 2n\pi)$ とおいて，r と θ を求めればいい。これで，1 の 3 乗根の解の求め方のコツをつかもう！

$z^3=1$ …㋐ をみたす複素数 z を求めてみよう。
この未知数 z を，$z=r(\cos\theta+i\sin\theta)$ …㋑ と極形式で表し，r と θ の値を求めればいいんだね。また，㋐の右辺も，$1+0\cdot i$ と考えて，絶対値 $\sqrt{1^2+0^2}=1$ をくくり出すと，右辺 $=1\cdot(1+0i)=1\cdot(\cos 0+i\sin 0)$ より，
（$\cos 0$）（$\sin 0$）（$2n\pi$）（$2n\pi$）
　　　　　　　　　　　　　一般角表示

右辺 $=1=1\cdot(\cos 2n\pi+i\sin 2n\pi)$ …㋒　($n=0, 1, 2$)

㋑，㋒を㋐に代入すると，

$\{r(\cos\theta+i\sin\theta)\}^3=1\cdot(\cos 2n\pi+i\sin 2n\pi)$

$r^3\cdot(\cos\theta+i\sin\theta)^3=r^3\cdot(\cos 3\theta+i\sin 3\theta)$
　　　　　ド・モアブルの定理より

（z の 3 次方程式なので，n はこの 3 つだけでいい。理由は後で話そう！）

$r^3\cdot(\cos 3\theta+i\sin 3\theta)=1\cdot(\cos 2n\pi+i\sin 2n\pi)$
両辺の絶対値と偏角を比較して，
$r^3=1$ …㋓　　$3\theta=2n\pi$ …㋔　($n=0, 1, 2$)

r は正の実数より，㋓をみたす r は，$r=1$ のみだね。∴ $r=1$

次に，$n=0, 1, 2$ より，㋔は，

$3\theta=0, 2\pi, 4\pi$ ∴ $\theta=0, \dfrac{2}{3}\pi, \dfrac{4}{3}\pi$ となる。
　　　　　　　　　　　　　(120°)(240°のこと)

31

$n=3,\ 4,\ 5,\ \cdots$ のとき，㋐は，$3\theta=6\pi,\ 8\pi,\ 10\pi,\ \cdots$

よって，$\theta=\underset{\boxed{0}}{2\pi},\ \underset{\boxed{\frac{2}{3}\pi\text{と同じ}}}{\dfrac{8}{3}\pi},\ \underset{\boxed{\frac{4}{3}\pi\text{と同じ}}}{\dfrac{10}{3}\pi},\ \cdots$ となって，実質的に同じ偏角が繰り返し出て

くるだけなんだね。よって，$n=0,\ 1,\ 2$ の 3 つだけで十分だったんだ。

以上より，$z=r(\cos\theta+i\sin\theta)$ は，$r=1,\ \theta=0,\ \dfrac{2}{3}\pi,\ \dfrac{4}{3}\pi$ より，

・$z_1=1\cdot(\underset{\boxed{1}}{\cos 0}+\underset{\boxed{0}}{i\sin 0})=1\cdot 1=1$

・$z_2=1\cdot\left(\underset{\boxed{-\frac{1}{2}}}{\cos\dfrac{2}{3}\pi}+\underset{\boxed{\frac{\sqrt{3}}{2}}}{i\sin\dfrac{2}{3}\pi}\right)=-\dfrac{1}{2}+\dfrac{\sqrt{3}}{2}i$

・$z_3=1\cdot\left(\underset{\boxed{-\frac{1}{2}}}{\cos\dfrac{4}{3}\pi}+\underset{\boxed{-\frac{\sqrt{3}}{2}}}{i\sin\dfrac{4}{3}\pi}\right)=-\dfrac{1}{2}-\dfrac{\sqrt{3}}{2}i$

の 3 つの解をもつ。これを **1 の 3 乗根**といい，複素数平面上では，原点を

中心とする単位円周上に等間隔に並ぶ **3 点**になるんだね。

では次，**1 の 4 乗根**も，次の練習問題で求めてみよう。

練習問題 9	1 の 4 乗根	CHECK *1*	CHECK *2*	CHECK *3*

z の 4 次方程式：$z^4=1$ $\cdots$① をみたす z（1 の 4 乗根）を求めよ。

これも，$z=r(\cos\theta+i\sin\theta),\ 1=1\cdot(\cos 2n\pi+i\sin 2n\pi)\ (n=0,\ 1,\ 2,\ 3)$
とおいて，解けばいいんだね。頑張ろう！

$z^4=1$ $\cdots$① をみたす複素数 z を

$z=r(\cos\theta+i\sin\theta)$ $\cdots$② とおき，また，①の右辺の 1 を，

$1=1\cdot(\cos 2n\pi+i\sin 2n\pi)$ $\cdots$③ $\underline{(n=0,\ 1,\ 2,\ 3)}$ とおく。

$\boxed{z \text{ の } 4 \text{ 次方程式なので，} n \text{ はこの } 4 \text{ つだけでいい。}}$

②，③を①に代入して，まとめると，

32

$$\{r(\cos\theta+i\sin\theta)\}^4 = 1\cdot(\cos 2n\pi+i\sin 2n\pi)$$

$$r^4\cdot(\cos\theta+i\sin\theta)^4 = r^4\cdot(\cos 4\theta+i\sin 4\theta) \quad \longleftarrow \text{ド・モアブルの定理}$$

$$r^4\cdot(\cos 4\theta+i\sin 4\theta) = 1\cdot(\cos 2n\pi+i\sin 2n\pi)$$

両辺の絶対値と偏角を比較して，

$$r^4=1 \quad \cdots ④ \qquad 4\theta=2n\pi \quad \cdots ⑤ \quad (n=0, 1, 2, 3)$$

r は正の実数より，④をみたす r は，$r=1$ のみだ。∴ $r=1$

次に，$n=0, 1, 2, 3$ より，⑤は，

$$4\theta=0, 2\pi, 4\pi, 6\pi \quad ∴ \theta=0, \frac{\pi}{2}, \pi, \frac{3}{2}\pi \text{ となる。}$$

$n=4, 5, 6, 7, \cdots$ のとき，⑤より，$\theta=2\pi, \frac{5}{2}\pi, 3\pi, \frac{7}{2}\pi, \cdots$ となって，$\underbrace{2\pi}_{0}, \underbrace{\frac{5}{2}\pi}_{\frac{\pi}{2}}, \underbrace{3\pi}_{\pi}, \underbrace{\frac{7}{2}\pi}_{\frac{3}{2}\pi\text{と同じ}}$

実質的に同じ偏角が繰り返し現れるだけなので，これらは不要だね。

以上より，$z=r(\cos\theta+i\sin\theta)$ は，$r=1$，$\theta=0, \frac{\pi}{2}, \pi, \frac{3}{2}\pi$ より，

・$z_1 = 1\cdot(\underbrace{\cos 0}_{1}+i\underbrace{\sin 0}_{0}) = 1$

・$z_2 = 1\cdot(\underbrace{\cos \frac{\pi}{2}}_{0}+i\underbrace{\sin \frac{\pi}{2}}_{1}) = i$

・$z_3 = 1\cdot(\underbrace{\cos \pi}_{-1}+i\underbrace{\sin \pi}_{0}) = -1$

・$z_4 = 1\cdot(\underbrace{\cos \frac{3}{2}\pi}_{0}+i\underbrace{\sin \frac{3}{2}\pi}_{-1}) = -i$

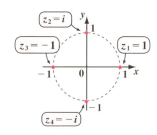

の4つの解をもつ。これを**1の4乗根**といい，複素数平面上では，原点を中心とする単位円周上に等間隔に並ぶ4点になるんだね。

以上で，今日の講義も終了です。今日の講義も盛り沢山だったから，次回まで，ヨ〜ク復習しておこう。じゃ，みんな元気でな！バイバイ…。

3rd day 複素数と平面図形

おはよう！みんな，元気？今日で，複素数平面の講義も最終回になる。最後を飾るテーマは "**複素数と平面図形**" だ。複素数の和・差，それに絶対値などは，"**平面ベクトル**" とまったく同様だったね。これから，複素数平面でも，"**平面ベクトル**" や "**図形と方程式**" で学んだ "**内分点・外分点の公式**" や "**円の方程式**" などが，同様に導けるんだね。複素数と図形との関係がさらに明確になるので，興味が深まると思うよ。

● 内分点・外分点の公式は，複素数でも表せる！

図1に示すように，2つの複素数 $\alpha = x_1 + iy_1$，$\beta = x_2 + iy_2$ を端点にもつ線分 $\alpha\beta$ を $m:n$ に内分する点 (複素数) を z とおこう。

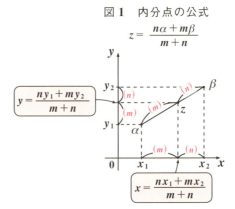

図1 内分点の公式

$$z = \frac{n\alpha + m\beta}{m+n}$$

すると，z の実部を x とおくと，実軸上の点 x は，2点 x_1，x_2 を端点にもつ線分を $m:n$ に内分するので，内分点の公式より，

$$x = \frac{nx_1 + mx_2}{m+n} \quad \cdots\cdots ①$$

となるのは，大丈夫だね。

$(x-x_1):(x_2-x) = m:n$ より
$n(x-x_1) = m(x_2-x)$
$nx - nx_1 = mx_2 - mx$
$(m+n)x = nx_1 + mx_2$
$\therefore x = \dfrac{nx_1 + mx_2}{m+n}$

同様に，z の虚部を y とおくと，y も内分点の公式より，

$$y = \frac{ny_1 + my_2}{m+n} \quad \cdots\cdots ②$$

となるんだね。

以上①，②を，$z = x + iy$ に代入すると，

$$z = \frac{nx_1 + mx_2}{m+n} + i \cdot \frac{ny_1 + my_2}{m+n} = \frac{nx_1 + mx_2 + i(ny_1 + my_2)}{m+n}$$

$$= \frac{nx_1 + iny_1 + mx_2 + imy_2}{m+n} = \frac{n\overbrace{(x_1 + iy_1)}^{\alpha} + m\overbrace{(x_2 + iy_2)}^{\beta}}{m+n}$$

$$\therefore z = \frac{n\alpha + m\beta}{m+n} \quad \cdots\cdots(*1) \quad と，シンプルな公式で表せるんだね。$$

以上を，もう1度まとめてみよう。

内分点の公式

複素数平面上の2点 $\alpha = x_1 + iy_1$ と $\beta = x_2 + iy_2$ を両端にもつ線分を $m:n$ に内分する点を z とおくと，z は次式で表される。

$$z = \frac{n\alpha + m\beta}{m+n} \quad \cdots\cdots(*1)$$

これは，線分 AB を $m:n$ に内分する点 P について，平面ベクトルの公式：$\overrightarrow{OP} = \dfrac{n\overrightarrow{OA} + m\overrightarrow{OB}}{m+n}$ と，まったく同じ形の公式であることが分かると思う。

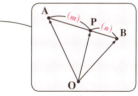

また，点 z が線分 $\alpha\beta$ の中点のとき，$m=1$，$n=1$ を $(*1)$ に代入して，$z = \dfrac{\alpha + \beta}{2} \quad \cdots\cdots(*1)'$ となることも大丈夫だね。

さらに，内分点の公式の発展形として，点 z が線分 $\alpha\beta$ を $m:n$ に内分するという代わりに，$t:1-t$ の比に内分すると考えると，

$$z = (1-t)\alpha + t\beta \quad \cdots\cdots(*1)''$$

と表すこともできる。

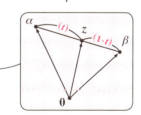

これは，$\overrightarrow{OP} = (1-t)\overrightarrow{OA} + t\overrightarrow{OB}$ と同様だ

さらに，3つの異なる点 α, β, γ からなる $\triangle\alpha\beta\gamma$ の重心を g と

おいて，これを求めよう。ここで，線分 $\beta\gamma$ の中点を $\delta\left(=\dfrac{\beta+\gamma}{2}\right)$ とおくと，g は，中線 $\alpha\delta$ を $2:1$ に内分する点なので

$$g=\dfrac{1\cdot\alpha+2\delta}{2+1} \quad\cdots\cdots ③$$

③に $\delta=\dfrac{\beta+\gamma}{2}$ を代入すると，

$$g=\dfrac{\alpha+2\cdot\dfrac{\beta+\gamma}{2}}{3} \quad より，\quad g=\dfrac{\alpha+\beta+\gamma}{3} \quad\cdots\cdots(*2) \;も導かれる。$$

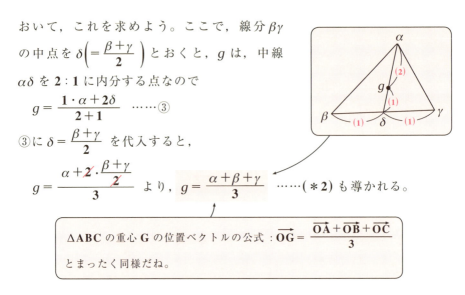

△ABC の重心 G の位置ベクトルの公式：$\overrightarrow{OG}=\dfrac{\overrightarrow{OA}+\overrightarrow{OB}+\overrightarrow{OC}}{3}$ とまったく同様だね。

では次，線分 $\alpha\beta$ を $m:n$ に外分する点を w とおいたときの外分点の公式も下に示そう。

外分点の公式

点 w が 2 点 α，β を両端にもつ線分を $m:n$ の比に外分するとき，

$$w=\dfrac{-n\alpha+m\beta}{m-n} \quad\cdots\cdots(*3)$$

図2　外分点の公式
（ⅰ）$m>n$ のとき
（ⅱ）$m<n$ のとき

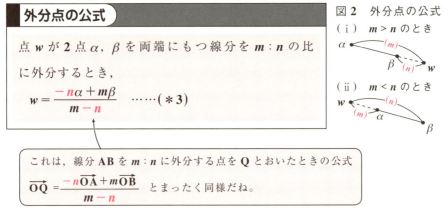

これは，線分 AB を $m:n$ に外分する点を Q とおいたときの公式 $\overrightarrow{OQ}=\dfrac{-n\overrightarrow{OA}+m\overrightarrow{OB}}{m-n}$ とまったく同様だね。

このように，内分点・外分点の公式について，複素数と平面ベクトルでまったく同様の公式が成り立つので，違和感なく覚えられると思う。でも，ベクトルのようにわざわざ成分表示にしなくてもいい分，複素数の公式の方が使い勝手はいいと思うよ。

それでは，練習問題で実際にこれらの公式を使ってみよう。

練習問題 10　内分点・外分点の公式　CHECK 1　CHECK 2　CHECK 3

$\alpha = 2 - 3i,\ \beta = -1 + i,\ \gamma = 2 - i$ とする。

(1) 線分 $\alpha\beta$ を $1:2$ に内分する点 z を求めよ。

(2) 線分 $\beta\gamma$ を $3:1$ に外分する点 w を求めよ。

(3) $\triangle\alpha\beta\gamma$ の重心 g を求めよ。

内分点，外分点，三角形の重心の公式通りに計算すればいいんだね。

(1) $\alpha = 2 - 3i$ と $\beta = -1 + i$ を両端点にもつ線分 $\alpha\beta$ を $1:2$ に内分する点

を z とおくと，公式より

$$z = \frac{2 \cdot \alpha + 1 \cdot \beta}{1 + 2} = \frac{2(2 - 3i) + (-1 + i)}{3}$$

公式：
$$z = \frac{n\alpha + m\beta}{m + n}$$

$$= \frac{4 - 6i - 1 + i}{3} = \frac{3 - 5i}{3} = 1 - \frac{5}{3}i$$

(2) $\beta = -1 + i,\ \gamma = 2 - i$ を両端点にもつ線分 $\beta\gamma$ を $3:1$ に外分する点を w

とおくと，公式より

$$w = \frac{-1 \cdot \beta + 3 \cdot \gamma}{3 - 1} = \frac{-(-1 + i) + 3(2 - i)}{2}$$

公式：
$$w = \frac{-n\beta + m\gamma}{m - n}$$

$$= \frac{1 - i + 6 - 3i}{2} = \frac{7 - 4i}{2} = \frac{7}{2} - 2i$$

(3) $\alpha = 2 - 3i,\ \beta = -1 + i,\ \gamma = 2 - i$ を 3 頂点にもつ $\triangle\alpha\beta\gamma$ の重心を g と

おくと，公式より

$$g = \frac{\alpha + \beta + \gamma}{3} = \frac{2 - 3i + (-1 + i) + 2 - i}{3}$$

$$= \frac{3 - 3i}{3} = 1 - i\ となって，答えだ！$$

これで，内分点，外分点や三角形の重心の公式の使い方もマスターでき

ただろう？ン？思ったより簡単だったって!? いいね！その調子だ!!

37

● 垂直二等分線とアポロニウスの円も押さえよう！

2点 α と z の間の距離が $|z-\alpha|$ で，また，2点 β と z の間の距離が $|z-\beta|$ で表されるのは大丈夫だね。これは，2点 A，P の間の距離をベクトルで $|\overrightarrow{OP}-\overrightarrow{OA}|$ と表すのとまったく同様だからね。(P18 参照)

ここで，α と β を定点，z を動点，そして k を正の定数とするとき，
$$|z-\alpha|=k|z-\beta| \quad \cdots\cdots ①$$
をみたす動点 z の軌跡を求めさせる問題が試験では頻出なんだね。この①は，(ⅰ) $k=1$ の場合と，(ⅱ) $k \neq 1$ の場合に分類される。1つずつ解説していこう。

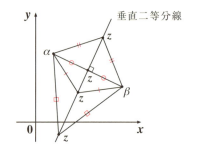

図3　$k=1$ のとき，垂直二等分線

(ⅰ) $k=1$ のとき，①は，
$$|z-\alpha|=|z-\beta|$$
となり，これは，α と z との間の距離と，β と z との間の距離が等しいということだから，図3に示すように，動点 z は，線分 $\alpha\beta$ の垂直二等分線を描くことになるんだね。

(ⅱ) $k \neq 1$ のとき，①は，
$$|z-\alpha|:|z-\beta|=k:1 \quad (k \neq 1)$$
となり，動点 z が，2点 α と β

（この内項の積 $k|z-\beta|$ と外項の積 $|z-\alpha|$ を等しいとおいたものが，①式だからね。）

からの距離の比を $k:1$ に取りながら動くと，動点 z は，ある円を描くことになる。これを "アポロニウスの円" というんだね。

では，次の練習問題を解いてみよう。

| 練習問題 11 | アポロニウスの円 | CHECK 1 | CHECK 2 | CHECK 3 |

$\alpha=1$, $\beta=i$ のとき，次の式をみたす z の軌跡を求めよ。
(1) $|z-\alpha|:|z-\beta|=1:1$ 　　(2) $|z-\alpha|:|z-\beta|=\sqrt{2}:1$

動点 z の軌跡は，(1) では，線分 $\alpha\beta$ の垂直二等分線に，また，(2) ではアポロニウスの円になるはずだ。頑張って求めてごらん。

(1) $|z-1|:|z-i|=1:1$ より，内項の積＝外項の積の形にする。

$|z-1|=|z-i|$ ……㋐ ← これは，①の $k=1$ のパターンだね。

ここで，$z=x+iy$ とおくと，㋐は

$|x+iy-1|=|x+iy-i|$ より，$|(x-1)+iy|=|x+i(y-1)|$

よって，$\sqrt{(x-1)^2+y^2}=\sqrt{x^2+(y-1)^2}$ ← $|a+bi|=\sqrt{a^2+b^2}$ だからね。

両辺を 2 乗して，まとめると，

$(x-1)^2+y^2=x^2+(y-1)^2$

$x^2-2x+1+y^2=x^2+y^2-2y+1$

$-2x=-2y$

∴ $y=x$ となるんだね。

これは，右図のように，線分 $\alpha\beta$ の垂直二等分線になっているね。

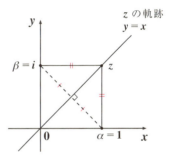

(2) $|z-1|:|z-i|=\sqrt{2}:1$ より，内項の積＝外項の積の形にすると，

$|z-1|=\sqrt{2}|z-i|$ ……㋑ ← これは，①の $k \neq 1$ のパターンだね。

ここで，$z=x+iy$ を㋑に代入して，変形すると，

$|(x-1)+iy|=\sqrt{2}\cdot|x+i(y-1)|$

$\sqrt{(x-1)^2+y^2}=\sqrt{2}\cdot\sqrt{x^2+(y-1)^2}$　この両辺を 2 乗してまとめると，

$(x-1)^2+y^2=2\{x^2+(y-1)^2\}$

$x^2-2x+1+y^2=2x^2+2(y^2-2y+1)$

$x^2-2x+1+y^2=2x^2+2y^2-4y+2$

$x^2+2x+y^2-4y=-1$

$(x^2+2x+1)+(y^2-4y+4)=-1+1+4$ ← これで，左辺を $(x+1)^2+(y-2)^2$ の形に持ち込む。

2 で割って 2 乗　　2 で割って 2 乗

39

∴ $(x+1)^2+(y-2)^2=4$ となって，

z の軌跡は，中心 $C(-1, 2)$,

これは，中心 $C(-1+2i)$ と表してもいい。

半径 $r=2$ の円となることが分かったんだね。

つまり，$|z-1|=\sqrt{2}\,|z-i|$ ……① を みたす z は，右図のようなアポロニウスの円を描くことが導けたんだね。納得いった？

円の方程式：$(x-a)^2+(y-b)^2=r^2$（中心 $C(a, b)$，半径 r の円）

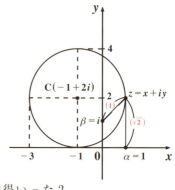

● 円の方程式もマスターしよう！

では次，一般的な円の方程式についても解説しておこう。図4 に示すように，動点 z が定点 α との間の距離を一定の値 r に保って描く軌跡が，中心 α，半径 $r(>0)$ の円になる。よって，複素数平面における円の方程式は，次のようになるんだね。

図4　円の方程式

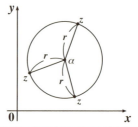

円の方程式

$|z-\alpha|=r$ ……(*4)

（中心 α，半径 r の円）

これも，動点 P が中心 A，半径 r の円を描くベクトル方程式：
$|\overrightarrow{OP}-\overrightarrow{OA}|=r$ とソックリだね。

(ex1) 中心 $C(2, -1)$，半径 $r=\sqrt{5}$ の円の複素数平面での方程式は，

〔2−i のこと〕

$|z-(2-i)|=\sqrt{5}$　　∴ $|z-2+i|=\sqrt{5}$　となるんだね。

(ex2) 円の方程式：$(x+1)^2+(y-3)^2=9$ を，複素数平面での円の方程式に書き換えると，

中心が $C(-1, 3)$ より中心 $-1+3i$，また半径 $r=3$ より，

$|z-(-1+3i)|=3$　　∴ $|z+1-3i|=3$　となる。大丈夫？

ここで，円の方程式：$|z-\alpha| = r$　……$(*4)$ を変形してみよう。

まず，$(*4)$ の両辺を 2 乗する。

$$\underline{|z-\alpha|^2} = r^2$$

$\underline{(z-\alpha)\overline{(z-\alpha)}}$ ◀── 公式：$|\beta|^2 = \beta \cdot \overline{\beta}$ を使った。

$$(z-\alpha)(\underline{\overline{z-\alpha}}) = r^2$$

$\underline{\overline{z}-\overline{\alpha}}$ ◀── 公式：$\overline{\alpha-\beta} = \overline{\alpha}-\overline{\beta}$ を使った。

$$(z-\alpha)(\overline{z}-\overline{\alpha}) = r^2$$

$$z\cdot\overline{z}-\overline{\alpha}\cdot z-\alpha\cdot\overline{z}+\underline{\alpha\cdot\overline{\alpha}} = r^2$$

$\underline{|\alpha|^2}$

$$z\overline{z}-\overline{\alpha}z-\alpha\overline{z}+\underline{|\alpha|^2-r^2} = 0$$

これは実数より，$k(\text{実数})$ とおける。

ここで，$|\alpha|^2-r^2 = k(\text{実数})$ とおくと，$(*4)$ の円の方程式は，

$z\overline{z}-\overline{\alpha}z-\alpha\overline{z}+k = 0$　……$(*4)'$ の形でも表せるんだね。

以上を，まとめてみよう。

■ 円の方程式

中心 α，半径 r の円の方程式：$|z-\alpha| = r$　……$(*4)$ は，

次式のように表すこともできる。

$$z\overline{z}-\overline{\alpha}z-\alpha\overline{z}+k = 0 \quad ……(*4)'$$

そして，$(*4)'$ の形の式が与えられたら，上に示した式の変形を逆にたどって，$|z-\alpha| = r$　……$(*4)$ の円の方程式に持ち込めばいいんだね。

ン？これについても練習してみたいって!? そうだね，実際に問題を解いてみることで，本当にマスターできるわけだからね。次の練習問題で，この式変形のパターンもしっかりマスターしよう。

41

| 練習問題 12 | 円の方程式 | CHECK 1 | CHECK 2 | CHECK 3 |

(1) 複素数平面上で，$z\bar{z}-(1-i)z-(1+i)\bar{z}=0$ ……① をみたす複素数 z が描く図形を調べよ。

(2) 複素数平面上で，$z\bar{z}+iz-i\bar{z}-3=0$ ……② をみたす複素数 z が描く図形を調べよ。

(1), (2) 共に $z\bar{z}-\bar{\alpha}z-\alpha\bar{z}+k=0$ の形をしているので，$|z-\alpha|=r$ の円の方程式に持ち込めるはずだ。頑張ろう！

(1) $z\bar{z}-\underset{\bar{\alpha}}{(1-i)}z-\underset{\alpha}{(1+i)}\bar{z}=0$ ……① について，

$1+i=\alpha$ とおくと，$1-i=\bar{\alpha}$ となる。これらを①に代入して，

$z\bar{z}-\bar{\alpha}z-\alpha\bar{z}=0$　この両辺に，$\alpha\bar{\alpha}$ を加えて変形すると，

$\underset{z(\bar{z}-\bar{\alpha})}{\underline{z\bar{z}-\bar{\alpha}z}}\underset{-\alpha(\bar{z}-\bar{\alpha})}{\underline{-\alpha\bar{z}+\alpha\bar{\alpha}}}=\underset{|\alpha|^2}{\underline{\alpha\bar{\alpha}}}$　$z(\bar{z}-\bar{\alpha})-\alpha(\bar{z}-\bar{\alpha})=|\alpha|^2$

$(z-\alpha)(\bar{z}-\bar{\alpha})=|\alpha|^2$　$(z-\alpha)\overline{(z-\alpha)}=|\alpha|^2$

$|z-\underset{(1+i)}{\alpha}|^2=\underset{|1+i|^2=1^2+1^2=2}{|\alpha|^2}$

> $\alpha=a+bi$ のとき $|\alpha|=\sqrt{a^2+b^2}$ より $|\alpha|^2=a^2+b^2$ だね。

$|z-(1+i)|^2=2$　より，円の方程式 $|z-(1+i)|=\sqrt{2}$　が導ける。

よって，点 z は，中心 $C(1+i)$，半径 $r=\sqrt{2}$ の円を描く。

(2) $z\bar{z}-\underset{\bar{\alpha}}{(-i)}z-\underset{\alpha}{i}\bar{z}-3=0$ ……② について，

> $\alpha=0+1\cdot i$ のとき，$\bar{\alpha}=0-1\cdot i=-i$ だからね。

$i=\alpha$ とおくと，$-i=\bar{\alpha}$ となる。これらを②に代入して，

$z\bar{z}-\bar{\alpha}z-\alpha\bar{z}=3$　両辺に，$\alpha\bar{\alpha}$ を加えて変形すると，

> $i(-i)=-i^2=-(-1)=1$

$z\bar{z}-\bar{\alpha}z-\alpha\bar{z}+\alpha\bar{\alpha}=3+\boxed{\alpha\bar{\alpha}}$

$\boxed{z(\bar{z}-\bar{\alpha})-\alpha(\bar{z}-\bar{\alpha})=(z-\alpha)(\bar{z}-\bar{\alpha})=(z-\alpha)\overline{(z-\alpha)}=|z-\alpha|^2}$

$|z-\underset{i}{\alpha}|^2=4$　より，円の方程式：$|z-i|=2$　が導ける。

よって，点 z は，中心 $C(i)$，半径 $r=2$ の円を描く。大丈夫だった？

● 回転と拡大(縮小)の応用にもチャレンジしよう！

P26 で解説した，原点 **0** のまわりの回転と拡大(または縮小)の問題を，ここでもう **1** 度示そう。

$w = r(\cos\theta + i\sin\theta) \cdot z$ ……① $(z \neq 0)$　　ここで，$z \neq 0$ より，①の両辺を z で割ると，

$\dfrac{w}{z} = r(\cos\theta + i\sin\theta)$　……(∗)　　となる。

この(∗)から，ボク達は，「点 w は，点 z を原点 **0** のまわりに θ だけ回転して，r 倍に拡大(または縮小)したもの」であることを読み取ればいいんだね。

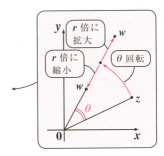

ここでは，この回転と拡大(または縮小)の公式をより一般化した，

$\dfrac{w-\alpha}{z-\alpha} = r(\cos\theta + i\sin\theta)$　……(∗∗)　　について，解説しよう。

この(∗∗)は，(∗)より少し複雑になって，複素数 α が新たに加わっているのが分かるね。そして，この(∗∗)から，今度は「点 w は，点 z を点 α のまわりに θ だけ回転して，r 倍に拡大(または縮小)したもの」であると読み取ってくれればいいんだよ。

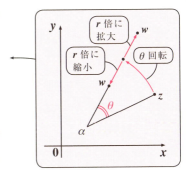

そして，(∗∗)において，$\alpha = 0$ (原点)の特殊な場合が(∗)であったんだ，と思ってくれたらいいんだよ。

さらに，これからは，点 z を点 α のまわりに(ⅰ)回転して，(ⅱ)拡大(または縮小)する，**2** つの変換操作が行われて，点 w に移動するので，これを点 α のまわりの回転と拡大(または縮小)の **"合成変換"** と呼ぶことにしよう。

ン？でも何故，(∗∗)でこのような合成変換になるのか？さっぱり分からんって!?　当然の疑問だ！これから解説しよう。

この回転と拡大 (縮小) の合成変換を公式として下に示しておくね。そして, この公式の図形的な意味を順を追って解説していこう。

回転と拡大 (縮小) の合成変換

$$\frac{w-\alpha}{z-\alpha} = r(\cos\theta + i\sin\theta) \quad \cdots\cdots(**)$$

このとき, 点 w は, 点 z を点 α のまわりに θ だけ回転して, r 倍に拡大 (または縮小) した点である。

図5 回転と拡大 (縮小)

$$\frac{w-\alpha}{z-\alpha} = r(\cos\theta + i\sin\theta)$$

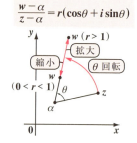

(i) まず, $u = z - \alpha$ ……① とおくと, 図6のように, 点 u は点 z を $-\alpha$ だけ平行移動した位置にくるね。

図6 (i) $u = z - \alpha$ [平行移動]

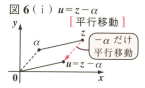

(ii) 次に, $v = r(\cos\theta + i\sin\theta)u$ ……② とおくと, 図7のように, 点 v は点 u を原点のまわりに θ だけ回転して, r 倍に拡大 (または縮小) した位置にくるんだね。これも, 大丈夫だね。

図7 (ii) $v = r(\cos\theta + i\sin\theta)u$ [回転と拡大 (縮小)]

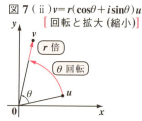

(iii) さらに, $w = v + \alpha$ ……③ とおくと, 図8のように, 点 w は点 v を α だけ平行移動した位置にくるのがわかるだろう。

以上, ①を②に代入して,

$$v = r(\cos\theta + i\sin\theta)(z-\alpha) \quad \cdots\cdots ④$$

さらに, ④を③に代入すると,

$$w = r(\cos\theta + i\sin\theta)(z-\alpha) + \alpha$$

これを変形すると,

$$w - \alpha = r(\cos\theta + i\sin\theta)(z-\alpha)$$

この両辺を $z - \alpha$ ($\neq 0$) で割って,

$$\frac{w-\alpha}{z-\alpha} = r(\cos\theta + i\sin\theta) \quad \cdots\cdots(**)$$ が導ける

んだね。そして, 以上の図形的な動きをまとめる

図8 (iii) $w = v + \alpha$ [平行移動]

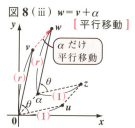

図9

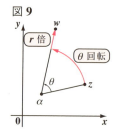

と，図9になる。つまり，点 w が，点 z を点 α のまわりに θ だけ回転して，r 倍に拡大(または縮小)したものであることが分かるんだね。

では，この(**)の特別な場合についても解説しておこう。

(i) $\theta = \pm\dfrac{\pi}{2}\,(=\pm 90°)$ のとき，(**) は，

$\dfrac{w-\alpha}{z-\alpha} = r\left\{\cos\left(\pm\dfrac{\pi}{2}\right) + i\sin\left(\pm\dfrac{\pi}{2}\right)\right\} = \pm ri = ki$ となる。

　　　　　　　　　　0　　　　　±1　　　これを実数 k とおこう。

よって，$\dfrac{w-\alpha}{z-\alpha} = ki$ (純虚数)

のとき，右図のように，

$\alpha z \perp \alpha w$ (垂直) になる

　これは，$\angle z\alpha w = \dfrac{\pi}{2}$ と同じこと

んだね。納得いった？

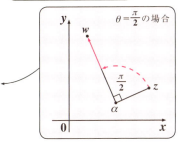

(ii) $\theta = 0$，または π のとき，

$\sin 0 = \sin\pi = 0$，$\cos 0 = 1$，$\cos\pi = -1$ より，(**) は，

$\dfrac{w-\alpha}{z-\alpha} = r\{\cos\theta + i\sin\theta\} = \pm r = k$ となる。

　　　　　　　0 または π　0 または π
　　　　　　　　±1　　　0　　これを実数 k とおこう。

よって，$\dfrac{w-\alpha}{z-\alpha} = k$ (実数)

のとき，右図のように，3点 α, z, w は同一直線上に存在するんだね。これも，大丈夫だった？

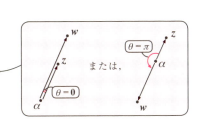

これで，回転と拡大(または縮小)の合成変換の考え方もよく理解できただろう？これは，試験では頻出テーマの1つなので，この後，練習問題を解いて，この使い方もマスターしておこう。

練習問題 13　回転と拡大の合成変換(I)　CHECK1　CHECK2　CHECK3

複素数平面上に異なる3点 α, z, w があり，

$\dfrac{w-\alpha}{z-\alpha} = 1+\sqrt{3}\,i$ ……① をみたす。このとき，$\triangle \alpha zw$ はどのような三角形であるか，調べよ。また，$|z-\alpha|=1$ のとき，この三角形の面積 S を求めよ。

①の右辺を極形式に変形すれば，回転と拡大の合成変換になるんだね。

①の右辺を極形式に変形すると，

$$1+\sqrt{3}\,i = 2\cdot\left(\dfrac{1}{2}+\dfrac{\sqrt{3}}{2}i\right) = 2\left(\cos\dfrac{\pi}{3}+i\sin\dfrac{\pi}{3}\right)$$

（$\sqrt{1^2+(\sqrt{3})^2}$，$\cos\dfrac{\pi}{3}$，$\sin\dfrac{\pi}{3}$）

となる。よって，①は，

$$\dfrac{w-\alpha}{z-\alpha} = 2\left(\cos\dfrac{\pi}{3}+i\sin\dfrac{\pi}{3}\right) \quad\text{……①}'$$

となるので，①′から，右図に示すように，点 w は，点 z を点 α のまわりに $\theta=\dfrac{\pi}{3}$ だけ回転して，$r=2$ 倍に拡大した位置にくる。

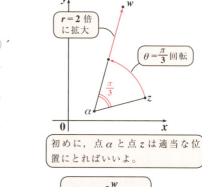

初めに，点 α と点 z は適当な位置にとればいいよ。

これから，右図に示すように，$\triangle \alpha zw$ は，$\angle z\alpha w=\dfrac{\pi}{3}\,(=60°)$，$\angle \alpha zw=\dfrac{\pi}{2}\,(=90°)$ の直角三角形になる。よって，$|z-\alpha|=1$ の

（辺 αz の長さが1）

とき，$|w-z|=\sqrt{3}$ となるので，$\triangle \alpha zw$ の面積 S は，

$$S = \dfrac{1}{2}\cdot 1\cdot \sqrt{3} = \dfrac{\sqrt{3}}{2}\quad \text{である。}$$

どう？ スッキリ解けて，面白かっただろう？

練習問題 14　回転と拡大の合成変換(II)　CHECK1　CHECK2　CHECK3

複素数平面上に異なる 3 点 α, z, w があり，
$\dfrac{w-\alpha}{z-\alpha} = 1+i$ ……② をみたす。このとき，$\triangle \alpha zw$ はどのような三角形であるか，調べよ。また，$|z-\alpha|=1$ のとき，この三角形の面積 S を求めよ。

これも，②の右辺を極形式に変形すれば，話が見えてくるはずだ。頑張ろう！

②の右辺 $= 1+i = \underbrace{\sqrt{2}}_{\sqrt{1^2+1^2}} \cdot \left(\underbrace{\dfrac{1}{\sqrt{2}}}_{\cos\frac{\pi}{4}} + \underbrace{\dfrac{1}{\sqrt{2}}}_{\sin\frac{\pi}{4}} i \right) = \sqrt{2}\left(\cos\dfrac{\pi}{4} + i\sin\dfrac{\pi}{4}\right)$　$\boxed{r=\sqrt{2}}$

よって，②は，
$\dfrac{w-\alpha}{z-\alpha} = \sqrt{2}\left(\cos\dfrac{\pi}{4} + i\sin\dfrac{\pi}{4}\right)$ ……②´
となるので，②´から，右図に示すように，点 w は，点 z を点 α のまわりに $\dfrac{\pi}{4}$ だけ回転して，$r=\sqrt{2}$ 倍に拡大した位置にあることが分かる。

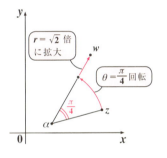

これから，右図に示すように，
$\triangle \alpha zw$ は，$\angle \alpha zw = \dfrac{\pi}{2}\,(=90°)$
の直角二等辺三角形である。よって，
$|z-\alpha|=1$ のとき，$|w-z|=1$
となるので，この三角形の面積 S は，
$S = \dfrac{1}{2} \cdot 1 \cdot 1 = \dfrac{1}{2}$ となるんだね。

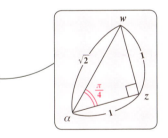

以上で，複素数平面の講義はすべて終了です。みんな，理解できた？良かった！じゃあ，次回の講義まで，みんな元気でな！さようなら…。

第1章 ● 複素数平面　公式エッセンス

1. 絶対値

$\alpha = a + bi$ のとき，$|\alpha| = \sqrt{a^2 + b^2}$ ← これは，原点 0 と点 α との間の距離を表す。

2. 共役複素数と絶対値の公式

(1) $\overline{\alpha \pm \beta} = \overline{\alpha} \pm \overline{\beta}$ 　　(2) $\overline{\alpha \times \beta} = \overline{\alpha} \times \overline{\beta}$ 　　(3) $\overline{\left(\dfrac{\alpha}{\beta}\right)} = \dfrac{\overline{\alpha}}{\overline{\beta}}$

(4) $|\alpha| = |\overline{\alpha}| = |-\alpha| = |-\overline{\alpha}|$ 　　(5) $|\alpha|^2 = \alpha\overline{\alpha}$

3. 実数条件と純虚数条件

（ⅰ）α が実数 $\iff \alpha = \overline{\alpha}$ 　（ⅱ）α が純虚数 $\iff \alpha + \overline{\alpha} = 0$ $(\alpha \neq 0)$

4. 2点間の距離

$\alpha = a + bi,\ \beta = c + di$ のとき，2点 α, β 間の距離は，

$|\alpha - \beta| = \sqrt{(a-c)^2 + (b-d)^2}$

5. 複素数の積と商

$z_1 = r_1(\cos\theta_1 + i\sin\theta_1),\ z_2 = r_2(\cos\theta_2 + i\sin\theta_2)$ のとき，

(1) $z_1 \times z_2 = r_1 r_2\{\cos(\theta_1 + \theta_2) + i\sin(\theta_1 + \theta_2)\}$

(2) $\dfrac{z_1}{z_2} = \dfrac{r_1}{r_2}\{\cos(\theta_1 - \theta_2) + i\sin(\theta_1 - \theta_2)\}$

6. 絶対値の積と商

(1) $|\alpha\beta| = |\alpha||\beta|$ 　　　　　(2) $\left|\dfrac{\alpha}{\beta}\right| = \dfrac{|\alpha|}{|\beta|}$

7. ド・モアブルの定理

$(\cos\theta + i\sin\theta)^n = \cos n\theta + i\sin n\theta$ 　（n：整数）

8. 内分点，外分点，三角形の重心の公式，および円の方程式は，平面ベクトルと同様である。

9. 垂直二等分線とアポロニウスの円

$|z - \alpha| = k|z - \beta|$ 　をみたす動点 z の軌跡は，

（ⅰ）$k = 1$ のとき，線分 $\alpha\beta$ の垂直二等分線。

（ⅱ）$k \neq 1$ のとき，アポロニウスの円。

10. 回転と拡大（縮小）の合成変換

$\dfrac{w - \alpha}{z - \alpha} = r(\cos\theta + i\sin\theta)$ 　$(z \neq \alpha)$

$\iff$ 点 w は，点 z を点 α のまわりに θ だけ回転し，さらに r 倍に拡大（または縮小）した点である。

第 2 章 式と曲線

- ▶ 放物線，だ円，双曲線の基本
- ▶ 2次曲線の応用
- ▶ 媒介変数表示された曲線
- ▶ 極座標と極方程式

4th day　放物線，だ円，双曲線の基本

おはよう！　みんな今日も元気そうで何よりだね。サァ，今日から新たなテーマ"式と曲線"の講義に入ろう。この式と曲線では，2次曲線と呼ばれる"放物線"や"楕円"や"双曲線"について解説し，さらに"媒介変数表示"された曲線や"極座標と極方程式"についても教えるつもりだ。

エッ，難しそうで引きそうって！？ 大丈夫！　これまで同様に，初めから分かりやすく教えるからね。では，今回は放物線と楕円と双曲線について，その基本を教えよう。みんな準備はいい？

● 放物線は，準線と焦点で定義できる！

まず"放物線"について解説しよう。エッ，放物線だったら，既に数学 I でも習った $y = ax^2$ のことだろうって？　うん。でも，この"式と曲線"で学習する放物線は，"準線"や"焦点"を使って定義されるものだから，式の表現の仕方も少し異なるからよく注意してこれからの解説を聞いてくれ。

放物線は，「ある直線とある定点からの距離が等しい点の軌跡」として定義することができるんだ。そして，この直線のことを"準線"，定点のことを"焦点"という。

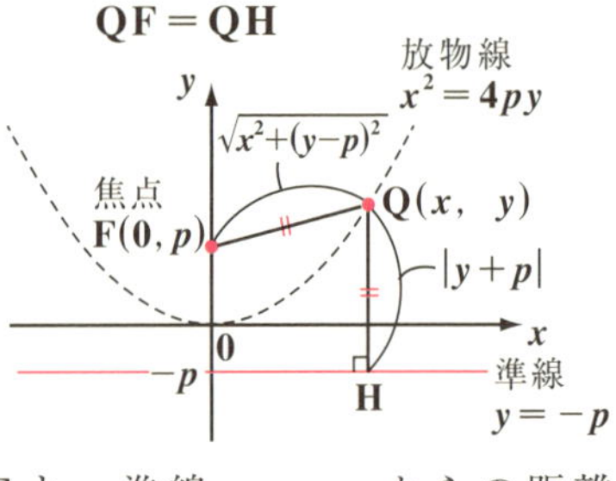

もっと具体的に話そう。図1に示すように，y 軸上に焦点 $F(0, p)$ をとり，また x 軸に平行な直線として準線 $y = -p$ をとることにしよう。

ここで，動点 $Q(x, y)$ をとり，点 Q から準線に下ろした垂線の足を H とおく。

図1　放物線の定義（I）

$$QF = QH$$

このとき動点 Q が，焦点 F からの距離 QF と，準線 $y = -p$ からの距離 QH が等しくなるように動くものとすると，

$QF = QH$ ……① 　となり，これをみたす動点 $Q(x, y)$ の軌跡が放物線になるんだよ。それでは，①から x と y の関係式を導いてみよう。

・ $Q(x, y)$，$F(0, p)$ より，2点 Q，F 間の距離 QF は，

$$QF = \sqrt{(x-0)^2 + (y-p)^2} = \sqrt{x^2 + (y-p)^2} \quad \cdots\cdots ② \quad となり，$$

50

・$Q(x, y)$ から $y = -p$ に下ろした垂線の長さは，

$QH = |y-(-p)| = |y+p|$ ……③ となる。

> $p<0$ のとき，図1の図は上下逆転して，$y+p<0$ となる。だから，絶対値をつけておく必要があるんだね。

②，③を①に代入して，

$$\sqrt{x^2+(y-p)^2} = |y+p|$$

> $|\alpha|^2 = (\pm\alpha)^2 = \alpha^2$ となる！

この両辺を2乗して，

$$x^2+(y-p)^2 = (y+p)^2$$

$(y^2-2py+p^2)$　$(y^2+2py+p^2)$

$x^2 + y^2 - 2py + p^2 = y^2 + 2py + p^2, \quad x^2 - 2py = 2py$

よって，放物線の式 $x^2 = 4py$ $(p \neq 0)$ が導けるんだね。

エッ，なんで $y = \dfrac{1}{4p}x^2$ と，$y = ax^2$ の形にしないのかって？ この場合，$x^2 = 4py$ の式から，逆に，この放物線の焦点 F が $F(0, p)$，準線が $y = -p$ となると判断するので，$x^2 = 4py$ の形のまま，放物線の公式とするんだ。

同様に，図2に示すように，焦点を $F(p, 0)$，準線を $x = -p$ とおく。そして，焦点 F と準線 $x = -p$ からの距離が等しくなるように，動点 $Q(x, y)$ が動くとき，Q は放物線を描き，その方程式は，

$y^2 = 4px$ $(p \neq 0)$ となるんだよ。

> $QF = QH$ より，$\sqrt{(x-p)^2+y^2} = |x+p|$
> $(x-p)^2+y^2 = (x+p)^2$ … から導ける！

図2 放物線の定義（Ⅱ）

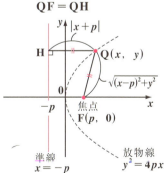

そして，$y^2 = 4px$ の式から，逆にこの放物線の焦点 F は $F(p, 0)$，準線は $x = -p$ になると見抜けるようになるといいんだね。

以上のように "式と曲線" における放物線は，（Ⅰ）たての放物線と，（Ⅱ）横の放物線の2種類が存在するんだね。これらの公式を次にまとめて示すから，シッカリ頭に入れておこう。

放物線の公式

（Ⅰ） $x^2 = 4py$ 　$(p \neq 0)$ ← たての放物線

・頂点：原点 $(0, 0)$ 　・対称軸：$x = 0$

・焦点 $F(0, p)$ 　・準線 $y = -p$

・曲線上の点を Q とおくと $QF = QH$

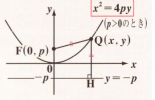

（Ⅱ） $y^2 = 4px$ 　$(p \neq 0)$ ← 横の放物線

・頂点：原点 $(0, 0)$ 　・対称軸：$y = 0$

・焦点 $F(p, 0)$ 　・準線 $x = -p$

・曲線上の点を Q とおくと $QF = QH$

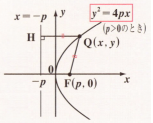

それでは，次の練習問題で，実際に放物線のグラフを描いてみよう。

練習問題 15　放物線のグラフ　CHECK1　CHECK2　CHECK3

次の方程式で表される放物線の焦点の座標と準線の方程式を求め，グラフを描け。

(1) $x^2 = 8y$ 　　(2) $(y-1)^2 = 4x$

(1)は，$x^2 = 4 \cdot p \cdot y$ の形だから，焦点 $(0, p)$，準線 $y = -p$ のたての放物線だね。(2)は，横の放物線 $y^2 = 4x$ を y 軸方向に1だけ平行移動したものだ。

(1) $x^2 = 4 \cdot 2 \cdot y$ ……㋐　より，
　　　　　$\underset{p}{}$

これは焦点 $F(0, 2)$，準線 $y = -2$ で，原点が頂点となるたての放物線だね。
ここで，$y = 2$ のとき㋐より，
$x^2 = 4 \cdot 2 \cdot 2 = 16$ 　∴ $x = \pm\sqrt{16} = \pm 4$
よって，㋐は $\underline{2点 (4, 2), (-4, 2)}$ を通る，右のような放物線となる。

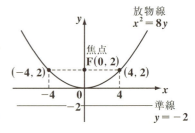

このように，頂点以外の2点を求めるとグラフが描きやすい！

(2) $y^2 = 4 \cdot 1 \cdot x$ $\xrightarrow[\text{平行移動}]{(0, 1) だけ}$ $(y-1)^2 = 4 \cdot 1 \cdot x$ 　となるので，
　　　　　　　　　　　　・$y \to y - 1$

まず，$y^2 = 4 \cdot \underset{p}{\boxed{1}} \cdot x$ ……④ の焦点と準線そしてグラフを求め，それを
$(0, 1)$ だけ平行移動すればいいんだね。
④ は焦点 $F'(1, 0)$，準線 $x = -1$ で，
原点が頂点となる横の放物線だね。
ここで，$x = 1$ のとき ④ より，
$y^2 = 4 \cdot 1 \cdot 1 = 4$ ∴ $y = \pm\sqrt{4} = \pm 2$
よって，④ は 2 点 $(1, 2)$, $(1, -2)$ を
通る，右のような放物線となる。
よって，これを $(0, 1)$ だけ平行移動し
たものが，$(y-1)^2 = 4 \cdot 1 \cdot x$ のグラフ
であり，この焦点は $F(1, 1)$，準線は
$x = -1$ となる。

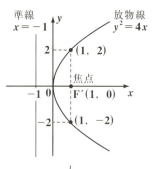

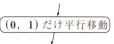

準線 $x = -1$ を y 軸方向に 1 だけずらしても，
同じ準線 $x = -1$ だね。

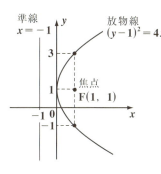

以上より，$(y-1)^2 = 4x$ のグラフを右
に示す。これで，放物線のグラフの描
き方にも慣れたと思う。

では，ここで，放物線の一般的な平行移動についても，下にまとめておこう。

(Ⅰ) $\underline{x^2 = 4py}$ $(p \neq 0)$ $\xrightarrow[\text{平行移動}]{(x_1, y_1) \text{ だけ}}$ $(x - x_1)^2 = 4p(y - y_1)$

　　たての放物線　　$\begin{cases} \cdot x \to x - x_1 \\ \cdot y \to y - y_1 \end{cases}$

(Ⅱ) $\underline{y^2 = 4px}$ $(p \neq 0)$ $\xrightarrow[\text{平行移動}]{(x_1, y_1) \text{ だけ}}$ $(y - y_1)^2 = 4p(x - x_1)$

　　横の放物線　　$\begin{cases} \cdot x \to x - x_1 \\ \cdot y \to y - y_1 \end{cases}$

これで，放物線も x 軸方向，y 軸方向いずれにも自由に平行移動できるんだね。
大丈夫？

● だ円は，糸と2本の虫ピンで描ける！？

では次，楕円の解説に入ろう。だ円と言われたら，何か気付く人はい

> 本書では，これから"だ円"と表記する。

る？…。そうだね，地球や火星などの惑星が，太陽のまわりを回る軌道が，だ円の例と言えるんだね。これは，ニュートンによって，万有引力の法則から導かれたんだけれど，この際にニュートンは "微分・積分" という最

> これについては，「初めから始める数学Ⅲ Part2」で詳しく解説するね。

も重要な数学手法まで作り出したわけだから，これは，近代の自然科学の金字塔とも言える快挙だったんだね。

では，ニュートンの話はこれ位にして，これから，だ円の基本について詳しく解説していこう。

今日，**4cm**の糸と2本の虫ピンをもってくるように言ってたけど，忘れた人はいないね。よかった！ それじゃ，図3(ⅰ)に示すように，この**4cm**の糸の2つの端点の間隔が**2cm**になるように取って，それぞれ2本の虫ピンでとめてくれ。

エッ，糸がだぶついてるって？ それでいいんだよ。そして，図3(ⅱ)に示すように鉛筆を使って糸がたるまないようにして曲線を描くことができるだろう？ 大丈夫？ そう，この曲線こそこれから勉強する"だ円"の1例だったんだ

図3 だ円の描き方
(ⅰ)

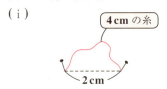

(ⅱ)

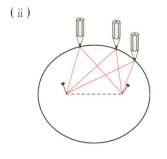

よ。もっと正確に言うなら，虫ピンで押さえた2点を "焦点" とするだ円と言えるんだけどね。これについては，これから数学的にもっとキチンと解説していくけれど，このように，だ円の描き方を知っておくと，だ円についても少しは親しみがもてるようになったと思う。

● だ円の方程式を求めてみよう！

だ円とは，「**2つの異なる定点(焦点)からの距離の和が一定である点の軌跡**」と定義できるんだよ。言葉が少し難しいかも知れないけれど，さっきの例で説明しようか。

2つの異なる定点(焦点)というのが，2つの虫ピンでとめた糸の2つの端点のことなんだね。そして，**4cm**の糸がピンと張った状態で鉛筆の先を動かして，曲線(だ円)を描いていったので，だ円周上の点はいずれも，**2つの糸の端点からの距離の和が4cm**と一定になっていることが分かるだろう。これがだ円を描く定義になってたんだね。

それじゃ，これから，このだ円を数学的にもっとキチンと方程式で表すことにチャレンジしてみようか？ まず，図4に示すように xy 座標平面を用意し，この x 軸上に2つの焦点をそれぞれ $F_1(1, 0)$，$F_2(-1, 0)$ となるようにとる。これは，2つの虫ピンが **2cm** の間隔だったことを表しているんだね。

図4 だ円の方程式

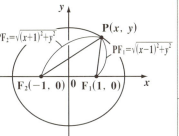

そして，だ円周上の点を $P(x, y)$ とおくと，だ円の定義から，

$PF_1 + PF_2 = 4$ ……①　となるのも大丈夫だね。これは，糸の長さが **4cm** の一定の長さだったことに対応している。

ここで，2点間の距離の公式はみんな覚えてるか？…，そう，たとえば $A(x_1, y_1)$，$B(x_2, y_2)$ の2点間の距離は $AB = \sqrt{(x_1-x_2)^2+(y_1-y_2)^2}$ で求まるんだった。だから，

(ⅰ) $P(x, y)$，$F_1(1, 0)$ より，2点 P，F_1 間の距離 PF_1 は，

$PF_1 = \sqrt{(x-1)^2+(y-0)^2} = \sqrt{(x-1)^2+y^2}$ ……②　となり，

(ⅱ) $P(x, y)$，$F_2(-1, 0)$ より，2点 P，F_2 間の距離 PF_2 は，

$PF_2 = \sqrt{\{x-(-1)\}^2+(y-0)^2} = \sqrt{(x+1)^2+y^2}$ ……③　となる。

よって，②，③を，$PF_1 + PF_2 = 4$ ……① に代入すると，

$\sqrt{(x-1)^2+y^2} + \sqrt{(x+1)^2+y^2} = 4$ ……④　となる。

このように，①式で定義されている動点 $\mathbf{P}(x, y)$ の軌跡は，④の x と y の関係式で表され，これがだ円を表す式の原形なんだ。でも，これじゃまだ長ったらしいので，これを変形して，スッキリまとめて，"**だ円の方程式**" を導いてみようと思う。

$\sqrt{}$ の式は，2 乗すればスッキリできるんだけれど，④の左辺は 2 つの $\sqrt{}$ の式の和になっているので，1 つの $\sqrt{}$ の式を④の右辺に移項して，2 乗することにしよう。④を変形して，

$$\sqrt{(x-1)^2+y^2} = 4 - \sqrt{(x+1)^2+y^2}$$

この両辺を 2 乗して，

$$(x-1)^2+y^2 = \left\{ 4 - \sqrt{(x+1)^2+y^2} \right\}^2$$

公式：
$(a-b)^2 = a^2 - 2ab + b^2$
を使った！

$$\underline{(x-1)^2}+\cancel{y^2} = 16 - 8\sqrt{(x+1)^2+y^2} + \underline{(x+1)^2} + \cancel{y^2}$$

$$\boxed{x^2-2x+\cancel{1}} \qquad \boxed{x^2+2x+\cancel{1}}$$

$$-2x = 16 - 8\sqrt{(x+1)^2+y^2} + 2x$$

やった！ $\sqrt{}$ の式が 1 つになった！
後は，これを左辺に移項し，他はすべて右辺に移項して，まとめよう！

$$8\sqrt{(x+1)^2+y^2} = 16 + 4x$$

この両辺を 4 で割って，

$$2\sqrt{(x+1)^2+y^2} = 4 + x$$

この両辺を 2 乗して，

$$4\{(x+1)^2+y^2\} = (4+x)^2$$

$$\boxed{x^2+2x+1} \qquad \boxed{16+8x+x^2}$$

$$4(x^2+2x+1+y^2) = 16 + 8x + x^2$$

$$4x^2 + 4 + 4y^2 = 16 + x^2$$

$$(4-1)x^2 + 4y^2 = 16 - 4$$

$$3x^2 + 4y^2 = 12$$

よって，この両辺を 12 で割ると，

$$\frac{3x^2}{12} + \frac{4y^2}{12} = 1$$

56

∴ $\dfrac{x^2}{4}+\dfrac{y^2}{3}=1$ ……⑤ となって，スッキリとしただ円の方程式が求まるんだね。

フ～，疲れたって？ そうだね。結構大変な変形だったからね。でも，これで虫ピンと糸と鉛筆で描いただ円を，方程式の形でキッチリ表すことができたんだよ。そして⑤の式から，より正確にだ円を xy 平面上に描くことができるんだ。つまり，

(i) $y=0$ のとき，⑤は，

$\dfrac{x^2}{4}+\dfrac{0}{3}=1 \quad x^2=4$

$x=\pm\sqrt{4}=\pm 2$ となる。よって，このだ円は 2 点 $(2, 0)$ と $(-2, 0)$ を通る。

図 5 だ円 $\dfrac{x^2}{4}+\dfrac{y^2}{3}=1$ のグラフ

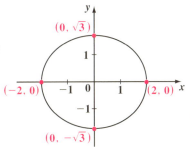

(ii) $x=0$ のとき，⑤は，

$\dfrac{0}{4}+\dfrac{y^2}{3}=1 \quad y^2=3$

$y=\pm\sqrt{3}$ となる。よって，このだ円は

2 点 $(0, \sqrt{3})$ と $(0, -\sqrt{3})$ を通ることが分かる。

以上 (i)，(ii) より，図 5 に示すように，xy 平面上に 4 点 $(2, 0)$，$(-2, 0)$，$(0, \sqrt{3})$，$(0, -\sqrt{3})$ を取って，これを滑らかな曲線で結べば，より正確なだ円を描けるんだね。このように，だ円は，x 軸に関して上下対称であり，また y 軸に関しても左右対称な滑らかな閉じた曲線なんだね。これで，横長だ円の例についての基本も分かったと思う。ン？横長だ円があるってことは，たて長だ円もあるのかって！？なかなかいい勘してるね。実はだ円の方程式は 1 種類なんだけれど，だ円には，横長だ円と，たて長だ円の 2 種類があることも，これから解説しよう。

● だ円には2種類がある！

一般に，原点 O を中心とするだ円の方程式は $\dfrac{x^2}{a^2}+\dfrac{y^2}{b^2}=1$ $(a>0, b>0)$ で表されるんだよ。

これはさっきの計算と同様に $y=0$ のときの x 座標，$x=0$ のときの y 座標をそれぞれ求めることにより，4点 $(a, 0)$, $(-a, 0), (0, b), (0, -b)$ を通るだ円を表しているんだね。これから，

(i) $a>b>0$ のとき，図6(i)に示すように"横長だ円"になり，また，

(ii) $b>a>0$ のときは，図6(ii)に示すように"たて長だ円"になる。

このように，だ円には横長とたて長の2通りのだ円があることを覚えておこう。

図6 2種類のだ円
(i) 横長だ円 $(a>b>0)$

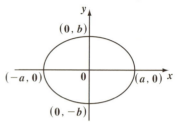

(ii) たて長だ円 $(b>a>0)$

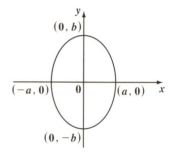

それでは，実際に次の練習問題で方程式を基に，だ円を描いてみよう。

| 練習問題 16 | だ円のグラフ | CHECK 1 | CHECK 2 | CHECK 3 |

次の方程式で表されるだ円を xy 平面上に描け。
(1) $\dfrac{x^2}{9}+\dfrac{y^2}{4}=1$ 　　　(2) $2x^2+y^2=4$

$y=0$ のときの x 座標，$x=0$ のときの y 座標を求めて，だ円が通る4点を押さえてそれを滑らかな曲線で結べばいいんだね。(1)は横長だ円，(2)はたて長だ円を表すことが分かると思う。

(1) $\dfrac{x^2}{9}+\dfrac{y^2}{4}=1$ ……㋐ について,

$\dfrac{x^2}{3^2}+\dfrac{y^2}{2^2}=1$ より, $a=3$, $b=2$ で, $a>b$ だから, これは横長だ円だね。

・$y=0$ のとき㋐は, $\dfrac{x^2}{9}=1$, $x^2=9$

∴ $x=\pm\sqrt{9}=\pm 3$

・$x=0$ のとき㋐は, $\dfrac{y^2}{4}=1$, $y^2=4$

∴ $y=\pm\sqrt{4}=\pm 2$

以上より, ㋐のだ円は 4 点 $(3, 0)$, $(-3, 0)$, $(0, 2)$, $(0, -2)$ を通る, 右図のようなだ円である。

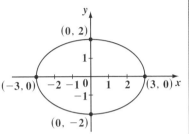

(2) $\dfrac{2x^2}{4}+\dfrac{y^2}{4}=1$, $\dfrac{x^2}{2}+\dfrac{y^2}{4}=1$ ……㋑ について,

与式の両辺を 4 で割った!

$\dfrac{x^2}{(\sqrt{2})^2}+\dfrac{y^2}{2^2}=1$ より, $a=\sqrt{2}$, $b=2$。$b>a$ だから, これはたて長だ円!

・$y=0$ のとき, $\dfrac{x^2}{2}=1$ $x^2=2$

∴ $x=\pm\sqrt{2}$

・$x=0$ のとき, $\dfrac{y^2}{4}=1$ $y^2=4$

∴ $y=\pm\sqrt{4}=\pm 2$

以上より, ㋑のだ円は 4 点 $(\sqrt{2}, 0)$, $(-\sqrt{2}, 0)$, $(0, 2)$, $(0, -2)$ を通る, 右図のようなだ円である。

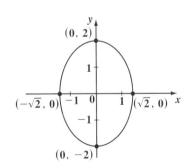

● だ円の公式を覚えよう！

それでは，2種類のだ円の公式について，その焦点の公式も含めて，下にまとめて示しておこう。

だ円の公式

だ円：$\dfrac{x^2}{a^2}+\dfrac{y^2}{b^2}=1$ $(a>0,\ b>0)$

(I) $a>b$ のとき，横長だ円

・中心：原点 $O(0,\ 0)$

・長軸の長さ $2a$，短軸の長さ $2b$

・焦点 $F_1(c,\ 0)$, $F_2(-c,\ 0)$

　(ただし, $c=\sqrt{a^2-b^2}$)

・曲線上の点を P とおくと, $PF_1+PF_2=2a$ となる。

(II) $b>a$ のとき，たて長だ円

・中心：原点 $O(0,\ 0)$

・長軸の長さ $2b$，短軸の長さ $2a$

・焦点 $F_1(0,\ c)$, $F_2(0,\ -c)$

　(ただし, $c=\sqrt{b^2-a^2}$)

・曲線上の点を P とおくと, $PF_1+PF_2=2b$ となる。

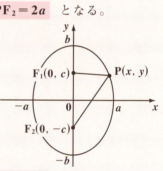

これから，練習問題 16 の 2 つのだ円の焦点 F_1, F_2 の座標も，上の公式から導くことができる。

まず，(1) の横長だ円 $\dfrac{x^2}{3^2}+\dfrac{y^2}{2^2}=1$ の場合，$a^2=3^2$, $b^2=2^2$ より
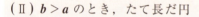

公式 $c=\sqrt{a^2-b^2}$ を使うと，$c=\sqrt{3^2-2^2}=\sqrt{5}$ となるね。よって，このだ円の焦点 F_1, F_2 は共に x 軸上の点で，その座標は $F_1(\sqrt{5},0), F_2(-\sqrt{5},0)$ となる。

(2)のたて長だ円 $\dfrac{x^2}{(\sqrt{2})^2}+\dfrac{y^2}{2^2}=1$ の場合は，$\underline{a^2=(\sqrt{2})^2, b^2=2^2}$ となる。よっ
て，公式 $c=\sqrt{b^2-a^2}$ を使って，$c=\sqrt{2^2-(\sqrt{2})^2}=\sqrt{4-2}=\sqrt{2}$ となるので，このだ円の焦点 F_1, F_2 は共に y 軸上の点で $F_1(0, \sqrt{2})$, $F_2(0, -\sqrt{2})$ となるんだね。

エッ，何で焦点の座標に関係する c の値が，$\underline{c=\sqrt{a^2-b^2}}$ や $\underline{c=\sqrt{b^2-a^2}}$

（横長だ円の場合）（たて長だ円の場合）

などで表されるのかが分からないって？　当然の疑問だ！　今回は，
(I) $a>b$ の横長だ円の場合について，これからその理由を示しておこう。

図7 に示すように，2 つの焦点 F_1, F_2 を $F_1(c, 0)$, $F_2(-c, 0)$ とおく。また，だ円周上の点を $P(x, y)$ とおく。また，だ円の定義から，

図7　だ円の方程式

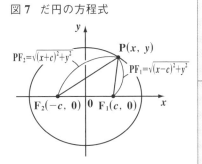

$\underline{PF_1}+\underline{PF_2}=\underline{2a}$ ……① とおく。

（一定の値）←（だ円の定義）

2 点間の距離の公式から，
・$PF_1=\sqrt{(x-c)^2+y^2}$ ……②
・$PF_2=\sqrt{\{x-(-c)\}^2+y^2}=\sqrt{(x+c)^2+y^2}$ ……③　となる。

②，③を①に代入して，

$\sqrt{(x-c)^2+y^2}+\sqrt{(x+c)^2+y^2}=2a$ ……④

今回は一般論だから，a や c などの文字が入って難しそうに見えるけれど，この④式の変形の仕方については，既にはじめに練習しているんだね。これを変形すれば，だ円の公式 $\dfrac{x^2}{a^2}+\dfrac{y^2}{b^2}=1$ が導けるはずだ。頑張ろう！

④より，

（この b は，a と c で表せるはず！）

$\sqrt{(x-c)^2+y^2}=2a-\sqrt{(x+c)^2+y^2}$ ← 2 つの $\sqrt{}$ の式があるので，1 つを右辺に移項した。後は，この両辺の 2 乗だね。

$\sqrt{(x-c)^2+y^2}=2a-\sqrt{(x+c)^2+y^2}$ の両辺を 2 乗して,

$(x-c)^2+y^2=\left\{2a-\sqrt{(x+c)^2+y^2}\right\}^2$

$\boxed{(\alpha-\beta)^2=\alpha^2-2\alpha\beta+\beta^2}$

$\underline{(x-c)^2}+y^2=4a^2-4a\cdot\sqrt{(x+c)^2+y^2}+\underline{(x+c)^2}+y^2$

$\boxed{x^2-2cx+c^2}$　　　　　　　　$\boxed{x^2+2cx+c^2}$

$-2cx=4a^2-4a\sqrt{(x+c)^2+y^2}+2cx$

$4a\sqrt{(x+c)^2+y^2}=4a^2+4cx$　　　両辺を 4 で割って,

$a\sqrt{(x+c)^2+y^2}=a^2+cx$　　　この両辺を 2 乗して,

$a^2\left\{\underline{(x+c)^2}+y^2\right\}=(a^2+cx)^2$

$\boxed{x^2+2cx+c^2}$

$a^2(x^2+2cx+c^2+y^2)=a^4+2ca^2x+c^2x^2$

$a^2x^2+a^2c^2+a^2y^2=a^4+c^2x^2$

$(a^2-c^2)x^2+a^2y^2=a^4-a^2c^2$

$(a^2-c^2)x^2+a^2y^2=a^2(a^2-c^2)$

ここで, $a>c>0$ より, $a^2>0$ かつ $a^2-c^2>0$

よって, この両辺を $a^2(a^2-c^2)$ (>0) で割ると,

$\dfrac{(a^2-c^2)x^2}{a^2(a^2-c^2)}+\dfrac{a^2y^2}{a^2(a^2-c^2)}=1$

$\therefore \dfrac{x^2}{a^2}+\dfrac{y^2}{\boxed{a^2-c^2}}=1$　　　となって, だ円の方程式が出てきた!

　　　　　　　　$\boxed{b^2}$

ここで, $a^2-c^2=b^2$ のことだから, $c^2=\underline{a^2-b^2}$

　　　　　　　　　　　　　　　　$\boxed{\oplus\ (\because a>b)}$

ここで, $c>0$ より, この両辺の正の平方根をとって, $c=\sqrt{a^2-b^2}$
が導けるんだね。

　フ～, 疲れたって? そうだね。かなり大変な計算だったからね。たて
長だ円のときの c の公式 $c=\sqrt{b^2-a^2}$ も同様に導けるので, やる気のある
人はトライしてくれ。

62

では，だ円の平行移動についても，解説しておこう。

だ円 $\dfrac{x^2}{a^2}+\dfrac{y^2}{b^2}=1$ …① を x 軸方向に x_1，y 軸方向に y_1 だけ平行移動させたかったら，①の x の代わりに $x-x_1$ を，また y の代わりに $y-y_1$ を代入すればいい。つまり，次の模式図のようになるんだね。

$$\dfrac{x^2}{a^2}+\dfrac{y^2}{b^2}=1 \quad \xrightarrow[\text{平行移動}]{(x_1,\ y_1)\text{だけ}} \quad \dfrac{(x-x_1)^2}{a^2}+\dfrac{(y-y_1)^2}{b^2}=1$$

$$\begin{cases} \cdot\ x \to x-x_1 \\ \cdot\ y \to y-y_1 \end{cases}$$

では，例題で練習しておこう。

(ex1) $\dfrac{x^2}{9}+\dfrac{y^2}{4}=1$ …⑦ を $(-1,\ 2)$ だけ平行移動させたものを求めよう。

これは，⑦の x の代わりに $x-(-1)=x+1$ を，また y の代わりに $y-2$ を代入すればいいので，

$\dfrac{(x+1)^2}{9}+\dfrac{(y-2)^2}{4}=1$ となるんだね。大丈夫？

(ex2) 今度は，$4x^2+3y^2-16x+18y+31=0$ ……④ が，どのような図形であるか，調べてみよう。

④を変形すると

$$(4x^2-16x)+(3y^2+18y)=-31$$

左辺にこれをたした分
右辺にもたす！

$$4(x^2-4x+4)+3(y^2+6y+9)=-31+16+27$$

2で割って2乗 　2で割って2乗

$$4(x-2)^2+3(y+3)^2=12 \quad \text{この両辺を 12 で割って，}$$

平方完成 　平方完成

$\dfrac{(x-2)^2}{3}+\dfrac{(y+3)^2}{4}=1$ となる。

これは，たて長のだ円 $\dfrac{x^2}{3}+\dfrac{y^2}{4}=1$ を $(2,\ -3)$ だけ平行移動したものであることが分かったんだね。納得いった？

63

● **双曲線もマスターしよう！**

それでは次, "双曲線" について解説しよう。双曲線では, 文字通り左右または上下に双子のように対称な曲線が現れるんだよ。

(I) まず, y 軸に関して左右対称な双曲線の方程式は,

$$\frac{x^2}{a^2} - \frac{y^2}{b^2} = 1 \quad (a > 0, \ b > 0)$$

で与えられる。このグラフを描くコツを言っておこう。

図8(i)に示すように, 4点 $(a, 0)$, $(-a, 0)$, $(0, b)$, $(0, -b)$ を通る長方形を点線で作り, その2本の対角線 $y = \frac{b}{a}x$ と $y = -\frac{b}{a}x$ を引く。

次に, 図8(ii)に示すように, 点 $(a, 0)$ を通り x が大きくなると, 2つの直線 $y = \frac{b}{a}x$ と $y = -\frac{b}{a}x$ に近づくように上下対称に曲線を描く。そしてさらに左右対称に点 $(-a, 0)$ を通る同様の曲線を描けば, 終了だ。

この $y = \frac{b}{a}x$ や $y = -\frac{b}{a}x$ のように, 曲線が限りなく近づいていく直線のことを, "漸近線" と呼ぶことも覚えておこう。

図8 左右対称の双曲線
(i) 4点を通る長方形を点線で作り, その対角線を引く。

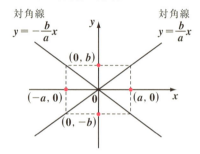

(ii) 点 $(a, 0)$ と点 $(-a, 0)$ を通る左右対称な曲線を描く。

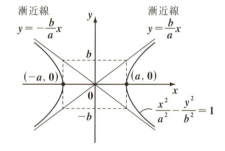

そして, この左右対称な双曲線にも, 2つの**焦点** $F_1(c, 0)$ と $F_2(-c, 0)$ が存在し, この c の値は公式 $c = \sqrt{a^2 + b^2}$ で計算することができるんだ。

実は，双曲線 $\dfrac{x^2}{a^2} - \dfrac{y^2}{b^2} = 1$ は，図9に示すように，2つの焦点 $F_1(c, 0)$ と $F_2(-c, 0)$ からの距離の差が一定の値 $2a$ となるような動点 $P(x, y)$ の軌跡として，導かれるんだよ。つまり，$|PF_1 - PF_2| = 2a$ が，この双曲線の定義式だったんだ。

図9 双曲線の定義
$|PF_1 - PF_2| = 2a$

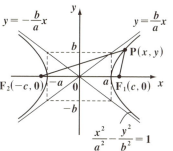

この定義式から，$PF_1 - PF_2 = \pm 2a$，

$\underbrace{PF_1}_{\sqrt{(x-c)^2+y^2}} = \underbrace{PF_2}_{\sqrt{(x+c)^2+y^2}} \pm 2a$ として，両辺を2乗して…と変形していけばいいんだね。

だ円のところで同様の計算をやったのでここでは略すけれど，その結果，

$\dfrac{x^2}{a^2} - \dfrac{y^2}{\boxed{c^2 - a^2}} = 1$ が導けるんだ。

$\boxed{b^2 \text{ のこと}}$ → これから，$c^2 - a^2 = b^2$, $c^2 = a^2 + b^2$, $c = \sqrt{a^2+b^2}$ となる。

(II) 次，x 軸に関して上下対称な双曲線の方程式は，

$\dfrac{x^2}{a^2} - \dfrac{y^2}{b^2} = -1 \quad (a > 0,\ b > 0)$

上下対称な双曲線はここが -1 になる！

図10 上下対称な双曲線

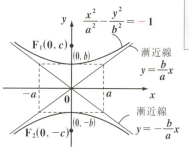

で与えられる。

このグラフの描き方は，4点 $(a, 0)$，$(-a, 0)$，$(0, b)$，$(0, -b)$ を通る長方形の対角線（漸近線）$y = \dfrac{b}{a}x$ と $y = -\dfrac{b}{a}x$ を引くところまでは，左右の双曲線と同じだ。

その後は，図10に示すように，点 $(0, b)$ を通り，2本の漸近線に近づく曲線を描き，これと x 軸に関して対称な，点 $(0, -b)$ を頂点とする曲線を描けば完成だ。

そして，この焦点も2つ存在し，いずれも y 軸上の点で，$F_1(0, c)$，$F_2(0, -c)$ とおくと c は公式 $c = \sqrt{a^2 + b^2}$ で求めることができる。

それでは，以上のことを公式として下にまとめて示そう。

双曲線の公式

(I) 左右対称な双曲線

$$\frac{x^2}{a^2} - \frac{y^2}{b^2} = 1 \quad (a > 0, \ b > 0)$$

・中心：原点 $O(0, 0)$

・頂点 $(a, 0)$，$(-a, 0)$

・焦点 $F_1(c, 0)$，$F_2(-c, 0)$
  $(c = \sqrt{a^2 + b^2})$

・漸近線：$y = \pm \dfrac{b}{a} x$

・曲線上の点を P とおくと，$|PF_1 - PF_2| = 2a$

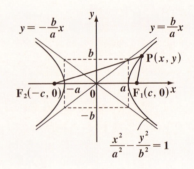

(II) 上下対称な双曲線

$$\frac{x^2}{a^2} - \frac{y^2}{b^2} = -1 \quad (a > 0, \ b > 0)$$

・中心：原点 $O(0, 0)$

・頂点 $(0, b)$，$(0, -b)$

・焦点 $F_1(0, c)$，$F_2(0, -c)$
  $(c = \sqrt{a^2 + b^2})$

・漸近線：$y = \pm \dfrac{b}{a} x$

・曲線上の点を P とおくと，$|PF_1 - PF_2| = 2b$

それでは，次の練習問題で，双曲線のグラフを描いてみよう。

練習問題 17　双曲線のグラフ　CHECK1　CHECK2　CHECK3

次の方程式で表される双曲線の焦点の座標を求め，グラフを描け。

(1) $3x^2 - y^2 = 3$　　　　(2) $\dfrac{(x-1)^2}{4} - \dfrac{y^2}{5} = -1$

(1)は $\dfrac{x^2}{1^2} - \dfrac{y^2}{(\sqrt{3})^2} = 1$ と変形すれば，左右の双曲線であることが分かるね。(2)は，右辺が -1 だから上下の双曲線であることが分かるけれど，これは，双曲線 $\dfrac{x^2}{2^2} - \dfrac{y^2}{(\sqrt{5})^2} = -1$ を x 軸方向に 1 だけ平行移動したものであることにも気を付けよう。

(1) $3x^2 - y^2 = 3$ の両辺を 3 で割って，

$x^2 - \dfrac{y^2}{3} = 1$ より，$\dfrac{x^2}{\boxed{1^2}} - \dfrac{y^2}{\boxed{(\sqrt{3})^2}} = 1$

　　　　　　　　　　$\underset{a^2}{}$　　$\underset{b^2}{}$

> 右辺が 1 より，これは左右対称の双曲線だ。

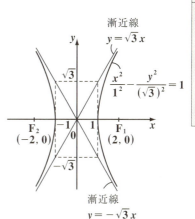

これは，原点 O を中心とする，左右対称の双曲線だね。よって，$(\pm 1, 0)$ と $(0, \pm\sqrt{3})$ を通る長方形の対角線 $y = \sqrt{3}x$ と $y = -\sqrt{3}x$ を漸近線にもち，$(1, 0)$ と $(-1, 0)$ を頂点にもつ，右図のような曲線が求める双曲線のグラフになるんだ。

また，公式：$c = \sqrt{a^2 + b^2}$ より，

$c = \sqrt{1^2 + (\sqrt{3})^2} = \sqrt{4} = 2$

よって，この双曲線の 2 つの焦点 F_1, F_2 の座標は，

$F_1(2, 0)$, $F_2(-2, 0)$ となる。大丈夫だった？

67

(2) $\dfrac{x^2}{4} - \dfrac{y^2}{5} = -1$ $\xrightarrow[\substack{平行移動 \\ \cdot x \to x-1}]{(1,0) \, だけ}$ $\dfrac{(x-1)^2}{4} - \dfrac{y^2}{5} = -1$ となるので，

右辺が -1 より，これは上下対称の双曲線だ！

まず $\dfrac{x^2}{4} - \dfrac{y^2}{5} = -1$, すなわち $\dfrac{x^2}{\underbrace{2^2}_{a^2}} - \dfrac{y^2}{\underbrace{(\sqrt{5})^2}_{b^2}} = -1$ のグラフと焦点の座

標を求めて，それを $(1, 0)$ だけ平行移動すればいいんだね。

$\dfrac{x^2}{2^2} - \dfrac{y^2}{(\sqrt{5})^2} = -1$ のグラフは，原点 O
を中心とする上下対称の双曲線となる。
よってまず，$(\pm 2, 0)$, $(0, \pm\sqrt{5})$ を通
る長方形の対角線 $y = \pm\dfrac{\sqrt{5}}{2}x$ を引き，
これを漸近線とし，$(0, \sqrt{5})$ と $(0, -\sqrt{5})$
を頂点にもつ右のようなグラフを描け
ば，それがこの双曲線のグラフになる。
また，公式 $c = \sqrt{a^2 + b^2}$ より，
$c = \sqrt{2^2 + (\sqrt{5})^2} = \sqrt{9} = 3$
よって，この双曲線の2つの焦点 $F_1{'}$,
$F_2{'}$ の座標は $F_1{'}(0, 3)$, $F_2{'}(0, -3)$ と
なる。よって，これを $(1, 0)$ だけ平行
移動したものが，$\dfrac{(x-1)^2}{4} - \dfrac{y^2}{5} = -1$
のグラフであり，この焦点の座標は
$F_1(1, 3)$, $F_2(1, -3)$ となる。以上を右
のグラフに示す。

これで，双曲線の描き方にも慣れただろう。

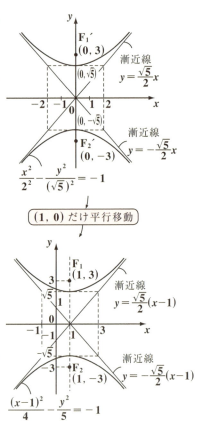

ここで，双曲線 $\dfrac{x^2}{a^2} - \dfrac{y^2}{b^2} = \pm 1$ …① の一般的な平行移動についても，ま

（これが 1 のときは左右の双曲線で，-1 のときは上下の双曲線だね）

とめて示しておこう。①を x 軸方向に x_1，y 軸方向に y_1 だけ平行移動させたかったら，①の x の代わりに $x - x_1$ を，また y の代わりに $y - y_1$ を代入すれば，いいだけなんだね。模式図として，下に示しておくね。

$$\dfrac{x^2}{a^2} - \dfrac{y^2}{b^2} = \pm 1 \quad \xrightarrow[\text{平行移動}]{(x_1, y_1) \text{だけ}} \quad \dfrac{(x-x_1)^2}{a^2} - \dfrac{(y-y_1)^2}{b^2} = \pm 1$$

$\begin{cases} \cdot\ x \to x - x_1 \\ \cdot\ y \to y - y_1 \end{cases}$

これで，双曲線も上下・左右に自由に移動できる。

(ex3) $3x^2 - 2y^2 + 6x + 8y - 11 = 0$ ……㋒　が，どのような図形であるか，調べてみよう。

㋒を変形すると

$(3x^2 + 6x) - (2y^2 - 8y) = 11$

（左辺にこれをたした（引いた）分右辺にもこれをたす（引く）。）

$3(x^2 + 2x + 1) - 2(y^2 - 4y + 4) = 11 + 3 - 8$

（2で割って2乗）　（2で割って2乗）

$3(x+1)^2 - 2(y-2)^2 = 6$　この両辺を6で割って，

（平方完成）　（平方完成）

$\dfrac{(x+1)^2}{2} - \dfrac{(y-2)^2}{3} = 1$ となる。

これは，左右の双曲線 $\dfrac{x^2}{2} - \dfrac{y^2}{3} = 1$
を $(-1, 2)$ だけ平行移動したも
のであることが分かったんだね。
右に，そのグラフを示しておこう。

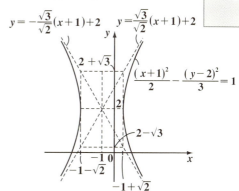

以上で，今日の講義は終了です。では，次回まで，放物線，だ円，双曲線の基本をシッカリ復習しておこう。じゃあ，みんな元気でな。バイバイ…。

5th day　2次曲線の応用

みんな，おはよう！ 今日はいい天気で，気持ちがいいねぇ！ それでは，"式と曲線"の2回目の講義に入ろう。前回，放物線，だ円，双曲線の基本について学習したけれど，これらの曲線をまとめて"**2次曲線**"ということも覚えておこう。今回は，だ円を中心に，この2次曲線の応用について詳しく教えようと思う。

エッ，応用になると，難しいんじゃないかって!? 大丈夫だよ！ 今回も初めから分かりやすく教えるからね。気を楽に，この2次曲線もさらに深めていってくれたらいいんだよ。

では，まず，単位円とだ円の関係から解説を始めよう！

● 単位円からだ円に変換してみよう！

図1に示すように，原点を中心とする半径1の円を単位円といい，この方程式は当然

$x^2 + y^2 = 1$　……①

となるんだね。

ここで，この単位円が描かれているxy座標平面が，ゴムのように伸縮自在な素材で

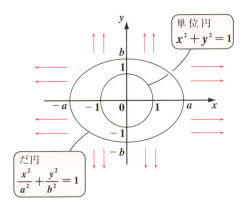

図1　単位円とだ円の関係（Ⅰ）

できているとすると，①の単位円をx軸方向にa倍だけビヨーンと，また，y軸方向にb倍だけビヨーンと拡大（または，縮小）したものが，だ円

（$a>1, b>1$のとき）　（$0<a<1, 0<b<1$のとき）

$\dfrac{x^2}{a^2} + \dfrac{y^2}{b^2} = 1$　……②　（$a>0, b>0$）　になるんだね。

70

ン？ なんか信じられんって!? いいよ，数学的にキチンと確認しておこう。

まず，単位円周上の点 P を $P(s, t)$ とおこう。すると，これは，①をみたすので，x に s，y に t を代入して成り立つ。よって，

$s^2 + t^2 = 1$ ……①´ となるね。

ここで，図2に示すように，この点 $P(s, t)$ を x 軸方向に a 倍したものを新たに x，また y 軸方向に b 倍したものを新たに y とおこう。すると，

図2 単位円とだ円の関係 (Ⅱ)

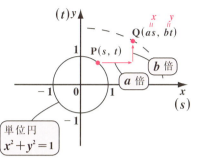

$\begin{cases} x = as \\ y = bt \end{cases}$ ……③ となる。

← この x と y の関係式を求めれば，それがだ円②の方程式となることを示せばいいんだ！

③より，$\begin{cases} s = \dfrac{x}{a} \\ t = \dfrac{y}{b} \end{cases}$ ……③´ となるので，③´を①´に代入すると，

$\left(\dfrac{x}{a}\right)^2 + \left(\dfrac{y}{b}\right)^2 = 1$ となって，ナルホド，だ円の方程式

$\dfrac{x^2}{a^2} + \dfrac{y^2}{b^2} = 1$ ……② が導けるんだね。つまり，単位円を x 軸方向に a 倍，y 軸方向に b 倍だけ拡大 (または，縮小) したものがだ円になることが，これで示せたんだね。大丈夫だった？

これはまた，"曲線の媒介変数表示"のところ (P88) でも解説するので，よく頭に入れておいてくれ。

● 半径 a の円とだ円の関係も押さえておこう！

では次，原点 O を中心とする半径 a の円：$x^2 + y^2 = a^2$ ……㋐ $(a > 0)$ とだ円：$\dfrac{x^2}{a^2} + \dfrac{y^2}{b^2} = 1$ ……㋑ $(a > 0, b > 0)$ との関係も解説しておこう。結論を先に言えば，㋐の円を，y 軸方向に $\dfrac{b}{a}$ 倍だけ縮小 (または，拡大)

したものが，①のだ円になる。

図3に示すように，

$x^2 + y^2 = a^2$ ……㋐ の円周上の点を $P(s, t)$ とおくと，㋐ の x, y にそれぞれ s, t を代入して成り立つので，

$s^2 + t^2 = a^2$ ……㋐´

となるね。

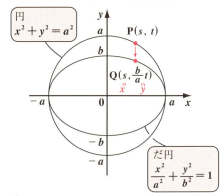

図3 半径 a の円とだ円

円 $x^2 + y^2 = a^2$

だ円 $\dfrac{x^2}{a^2} + \dfrac{y^2}{b^2} = 1$

次に，この点 P を y 軸方向にのみ $\dfrac{b}{a}$ 倍だけ縮小（または，拡大）した

（$0 < \dfrac{b}{a} < 1$ のとき）　（$1 < \dfrac{b}{a}$ のとき）

点を $Q(x, y)$ とおくと，

$\begin{cases} x = s \\ y = \dfrac{b}{a} t \end{cases}$ ……㋒ となる。 ← この x と y の関係式を求めて，それが，だ円 $\dfrac{x^2}{a^2} + \dfrac{y^2}{b^2} = 1$ ……① となることを示せばいい！

㋒ より，$\begin{cases} s = x \\ t = \dfrac{a}{b} y \end{cases}$ ……㋒´ となるので，㋒´ を ㋐´ に代入すると，

$x^2 + \left(\dfrac{a}{b} y\right)^2 = a^2$ 　　$x^2 + \dfrac{a^2 y^2}{b^2} = a^2$ 　　両辺を a^2 で割って，

だ円の方程式 $\dfrac{x^2}{a^2} + \dfrac{y^2}{b^2} = 1$ ……① が導かれるんだね。大丈夫？

では，練習問題を1題やっておこう。

練習問題 18　　円とだ円の関係　　CHECK 1　CHECK 2　CHECK 3

円：$x^2 + y^2 = 25$ を，y 軸方向に $\dfrac{3}{5}$ 倍に縮小して得られる曲線の方程式を求めよ。

まず，円周上の点 P を $P(s, t)$ とおくことから，始めればいいんだね。

まず，円：$x^2+y^2=25$ ……① 上の点 P を P(s, t) とおくと，s, t は $s^2+t^2=25$ ……①´ をみたす。

次に，点 P(s, t) を，y 軸方向に $\frac{3}{5}$ 倍だけ縮小した点を Q(x, y) とおくと，

$\begin{cases} x = s \\ y = \frac{3}{5} t \end{cases}$ ……②　よって，$\begin{cases} s = x \\ t = \frac{5}{3} y \end{cases}$ ……②´ となる。

②´を①´に代入して，点 Q の描く図形を求めると，

$x^2 + \left(\frac{5}{3} y\right)^2 = 25$　　$x^2 + \frac{25 y^2}{9} = 25$　　両辺を 25 で割って，

だ円の式：$\frac{x^2}{25} + \frac{y^2}{9} = 1$ が導かれる。

これが，求める曲線 (だ円) の方程式なんだね。納得いった？

● **2 次曲線の軌跡にもチャレンジしよう！**

ある条件をみたしながら動く動点 P(x, y) の軌跡が，だ円や双曲線などの 2 次曲線となる典型的な問題にもチャレンジしてみよう。これについては，練習問題で実際に解いてみることが一番良いと思う。

| 練習問題 19 | 軌跡とだ円 (I) | CHECK 1 | CHECK 2 | CHECK 3 |

長さ 4 の線分 AB の端点 A は x 軸上を，また端点 B は y 軸上を動くものとする。このとき，線分 AB を 1 : 3 に内分する点 P の軌跡を求めよ。

題意より，A$(s, 0)$，B$(0, t)$，$\sqrt{s^2+t^2} = 4$ とおくと，話が見えてくるはずだ。

点 A は x 軸上の点，点 B は y 軸上の点より，A$(s, 0)$，B$(0, t)$ とおける。
また，線分 AB の長さが 4 より

$AB = \sqrt{s^2+t^2} = 4$

∴ $s^2+t^2 = 16$ ……① となる。

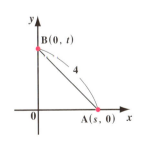

ここで，線分 AB を $1:3$ に内分する点を $P(x, y)$ とおくと，内分点の公式より

$$\begin{cases} x = \dfrac{3 \cdot s + 1 \cdot 0}{1+3} \\ y = \dfrac{3 \cdot 0 + 1 \cdot t}{1+3} \end{cases}$$

$\left[x = \dfrac{3 \cdot x_1 + 1 \cdot x_2}{1+3} \right]$

$\left[y = \dfrac{3 \cdot y_1 + 1 \cdot y_2}{1+3} \right]$

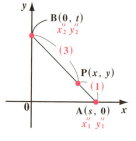

よって，$x = \dfrac{3}{4}s$，$y = \dfrac{t}{4}$ より，

$$\begin{cases} s = \dfrac{4}{3}x \\ t = 4y \end{cases} \quad \cdots\cdots ②$$

となる。

よって，②を $s^2 + t^2 = 16 \cdots\cdots ①$ に代入すると

$\left(\dfrac{4}{3}x\right)^2 + (4y)^2 = 16 \qquad \dfrac{16\,x^2}{9} + 16y^2 = 16$

両辺を 16 で割ると，動点 $P(x, y)$ の軌跡が，だ円

$\dfrac{x^2}{9} + y^2 = 1$ となることが分かる。

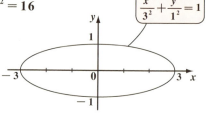

[Pの軌跡 $\dfrac{x^2}{3^2} + \dfrac{y^2}{1^2} = 1$]

練習問題 20 軌跡とだ円(Ⅱ) CHECK1 CHECK2 CHECK3

動点 $P(x, y)$ は，P と直線 $x = -3$ との間の距離が，P と原点 O との間の距離の常に 2 倍となるように動くものとする。このとき，動点 P の軌跡の方程式を求めよ。

条件より，図を描いて，$|x+3| = 2\sqrt{x^2 + y^2}$ となることを導けばいいよ。

・動点 $P(x, y)$ と直線 $x = -3$ との間の距離は，P から直線 $x = -3$ に下した垂線の足を H とおくと，右上図より，

$PH = |x - (-3)| = |x+3| \quad \cdots\cdots ①$ である。

[x と -3 との大小関係が変化してもいいように，絶対値をつけた。]

・動点 $P(x, y)$ と原点 $O(0, 0)$ との間の
距離は，

$$OP = \sqrt{x^2 + y^2} \quad \cdots\cdots ② \quad \text{である。}$$

条件より，$PH : OP = 2 : 1$ より，

$$PH = 2 \cdot OP \quad \cdots\cdots ③$$

③に①と②を代入してまとめると，

$$|x + 3| = 2\sqrt{x^2 + y^2} \quad \text{両辺を 2 乗して}$$

$$|x + 3|^2 = 4(x^2 + y^2) \qquad x^2 + 6x + 9 = 4x^2 + 4y^2$$

$$\boxed{(x+3)^2 = x^2 + 6x + 9}$$

左辺に 3 をたした
分，右辺にもたす

$$3x^2 - 6x + 4y^2 = 9 \qquad 3(x^2 - 2x + 1) + 4y^2 = 9 + 3$$

2 で割って 2 乗

$$3(x - 1)^2 + 4y^2 = 12 \qquad \text{両辺を 12 で割って，}$$

P の軌跡
$$\frac{(x-1)^2}{4} + \frac{y^2}{3} = 1$$

求める動点 $P(x, y)$ の軌跡は，

だ円

$$\frac{(x - 1)^2}{4} + \frac{y^2}{3} = 1 \quad \text{と}$$

なるんだね。納得いった？

では次，軌跡が双曲線となる問題も解いてみよう。

練習問題 21 | 軌跡と双曲線 | CHECK **1** | CHECK **2** | CHECK **3**

動点 $P(x, y)$ は，P と原点 O との間の距離が，P と直線 $x = -3$ との
間の距離の常に **2** 倍となるように動くものとする。このとき，動点 P
の軌跡の方程式を求めよ。

練習問題 **20** と条件が逆になっているので，$\sqrt{x^2 + y^2} = 2|x + 3|$ が導かれる

はずだ。後は，これをまとめると，双曲線の方程式が導けるはずだ。頑張って，

解いてみてごらん。

・動点 $P(x, y)$ と原点 $O(0, 0)$ との間の
距離は，
$$\underline{\underline{OP = \sqrt{x^2 + y^2}}} \quad \cdots\cdots ① \quad である。$$

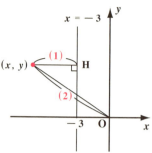

・動点 $P(x, y)$ と直線 $x = -3$ との間の
距離は，P から直線 $x = -3$ に下した
垂線の足を H とおくと，
$$\underline{\underline{PH}} = |-3 - x| = |x + 3| \quad \cdots\cdots ② \quad である。$$

（-3 と x との大小関係が変化してもいいように，絶対値をつけた。）

条件より，$OP : PH = 2 : 1$ より，
$$\underline{\underline{OP = 2 \cdot PH}} \quad \cdots\cdots ③$$

③に①と②を代入してまとめると，
$$\underline{\sqrt{x^2 + y^2}} = 2|x + 3| \quad 両辺を 2 乗して$$
$$x^2 + y^2 = 4|x + 3|^2$$

（$(x+3)^2 = x^2 + 6x + 9$）

$$x^2 + y^2 = 4(x^2 + 6x + 9) \quad x^2 + y^2 = 4x^2 + 24x + 36$$
$$3x^2 + 24x - y^2 = -36$$
$$3(x^2 + 8x + 16) - y^2 = -36 + 48$$

（2 で割って 2 乗）　（左辺に 48 をたした分，右辺にもたす）

$$3(x + 4)^2 - y^2 = 12$$

両辺を 12 で割って，求める
動点 $P(x, y)$ の軌跡は双曲線
$$\frac{(x + 4)^2}{4} - \frac{y^2}{12} = 1$$

となるんだね。右に，そのグ
ラフも示しておこう。どう？
面白かった？

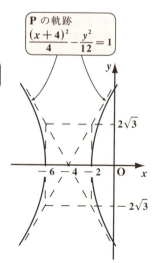

P の軌跡
$$\frac{(x+4)^2}{4} - \frac{y^2}{12} = 1$$

● 2次曲線と直線との位置関係を調べよう！

では，最後に，**2次曲線**(放物線，だ円，双曲線)と直線との位置関係についても解説しよう。一般論でいうと，

$\begin{cases} \underline{(\textbf{2次曲線の方程式})}\cdots\cdots① \quad \text{と} \\[2mm] \boxed{\text{たとえば，}y^2=4px, \dfrac{x^2}{a^2}+\dfrac{y^2}{b^2}=1, \dfrac{x^2}{a^2}-\dfrac{y^2}{b^2}=\pm1 \text{など。}} \\[2mm] \text{直線：}y=mx+n\cdots\cdots② \quad \text{との位置関係は，} \end{cases}$

①と②からyを消去して，xの**2次方程式**にもち込み，その判別式をDとおくと，次のようになるんだね。

$\begin{cases} (\text{i})\ D>0 \text{のとき，異なる2点で交わる。} \\[2mm] (\text{ii})\ D=0 \text{のとき，接する。} \\[2mm] (\text{iii})\ D<0 \text{のとき，共有点をもたない。} \end{cases}$

問題によっては，①，②からxを消去して，yの**2次方程式**にもち込み，その判別式Dをとって，同様に調べてもいいよ。

ン？ 具体的に練習したいって？ いいよ，次の練習問題を解いてみよう。

練習問題 22	だ円と直線	CHECK 1	CHECK 2	CHECK 3

だ円：$\dfrac{x^2}{2}+\dfrac{y^2}{4}=1\cdots\cdots①$と，直線 $y=x+k\cdots\cdots②$ との共有点の個数を，実数kの値の範囲によって分類せよ。

①，②よりyを消去して，xの**2次方程式**にもち込み，その判別式をDとおいて，

(i) $D>0$，(ii) $D=0$，(iii) $D<0$ の3つの場合に分類すればいいんだね。

①の両辺に4をかけて，$2x^2+y^2=4\cdots\cdots①'$ この$①'$と

直線 $y=x+k\cdots\cdots②$ よりyを消去すると，$2x^2+(x+k)^2=4$

$$2x^2+x^2+2kx+k^2=4$$

$$\underset{\underset{a}{\sqcup}}{3x^2}+\underset{\underset{2b'}{\sqcup}}{2kx}+\underset{\underset{c}{\rule{10mm}{0.3mm}}}{k^2-4}=0$$

$ax^2+2b'x+c=0$ の判別式をDとおくと，$\dfrac{D}{4}=b'^2-ac$ だね。この $\dfrac{D}{4}$ の $\oplus$, $\circledcirc$, $\ominus$ で分類してももちろん同じことだ。

この判別式をDとおくと，

$$\frac{D}{4}=k^2-3(k^2-4)=-2k^2+12 \quad \text{となる。よって，}$$

77

（ⅰ）$\dfrac{D}{4} = -2k^2 + 12 > 0$，すなわち$-2k^2 + 12 > 0$のとき，

両辺を-2で割って，　$k^2 - 6 < 0$ より，　$\left(k + \sqrt{6}\right)\left(k - \sqrt{6}\right) < 0$

> 両辺を⊖の数で割ると，不等号の向きが変わる。

∴$-\sqrt{6} < k < \sqrt{6}$ のとき，異なる**2**交点をもつ。

（ⅱ）$\dfrac{D}{4} = -2k^2 + 12 = 0$，すなわち$-2k^2 + 12 = 0$のとき，

$k^2 = 6$　　∴$k = \pm\sqrt{6}$ のとき，**1**点で接する。

（ⅲ）$\dfrac{D}{4} = -2k^2 + 12 < 0$，すなわち$-2k^2 + 12 < 0$のとき，

$k^2 - 6 > 0$　　$\left(k + \sqrt{6}\right)\left(k - \sqrt{6}\right) > 0$

∴$k < -\sqrt{6}$ ，または $\sqrt{6} < k$ のとき，共有点をもたない。

以上より，

だ円：$\dfrac{x^2}{\left(\sqrt{2}\right)^2} + \dfrac{y^2}{2^2} = 1$ と

直線 $y = x + k$ との

共有点の個数は，

（ⅰ）$-\sqrt{6} < k < \sqrt{6}$ のとき

　　2 個

（ⅱ）$k = \pm\sqrt{6}$ のとき

　　1 個

（ⅲ）$k < -\sqrt{6}$ ，$\sqrt{6} < k$ のとき

　　0 個　である。

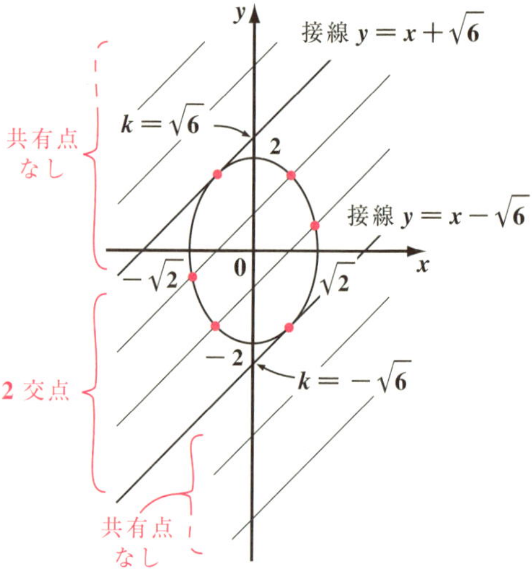

右図にグラフを示しておいたので確認してくれ。

練習問題 23	放物線と直線	CHECK 1	CHECK 2	CHECK 3

放物線：$y^2 = 4x$ ……①と，直線 $y = x + k$ ……②との共有点の個数を，実数 k の値の範囲によって分類せよ。

今回は，x を消去して，y の2次方程式にもち込む方が計算が楽だね。

$y^2 = 4x$ ……① と，$x = y - k$ ……②´ から x を消去して，

$y^2 = 4(y-k)$　　$1 \cdot y^2 - 4y + 4k = 0$
　　　　　　　　　　 a　　$2b'$　　c

この y の 2 次方程式の判別式を D とおくと，

$\dfrac{D}{4} = (-2)^2 - 1 \cdot 4k = 4 - 4k = 4(1-k)$　となる。よって，

(i) $\dfrac{D}{4} = 4(1-k) > 0$，すなわち $4(1-k) > 0$ のとき，

$1 - k > 0$　　$\therefore k < 1$ のとき，異なる 2 点で交わる。

(ii) $\dfrac{D}{4} = 4(1-k) = 0$，すなわち $4(1-k) = 0$ のとき，

$1 - k = 0$　　$\therefore k = 1$ のとき，1 点で接する。

(iii) $\dfrac{D}{4} = 4(1-k) < 0$，すなわち $4(1-k) < 0$ のとき，

$1 - k < 0$　　$\therefore 1 < k$ のとき，共有点をもたない。

以上より，①の放物線と②の直線との共有点の個数は，

(i) $k < 1$ のとき，2 個
(ii) $k = 1$ のとき，1 個
(iii) $1 < k$ のとき，0 個

となるんだね。右の図も参考にするといいよ。

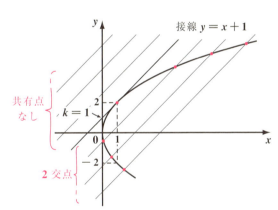

以上で，2 次曲線の応用の講義もオシマイだ。今日も，内容が濃かったから，帰って，何度でも納得がいくまで，復習してくれ。この反復練習こそが，本物の実力を身に付けるコツなんだからね。

じゃ，次回まで，みんな元気でな。また，次回会おう！ さようなら。

6th day 媒介変数表示された曲線

みんな，おはよう！ 前回まで放物線，だ円，双曲線について様々な勉強をしたけどシッカリ復習はやってるね。習ったことを復習して基礎を固めることにより，次のステップに入っていけるんだからね。

さて，今日の講義では"**媒介変数表示された曲線**"について，解説しようと思う。エッ，言葉が難しそうで，引きそうって!? 大丈夫だよ。媒介変数とは，**2** つの変数 x と y の仲を取り持つ仲人さん (?) のような変数のことなんだ。また具体的に分かりやすく解説するから，必ず理解できるはずだよ。それに前回学習しただ円もまた登場することになるので，だ円の意味をより深く理解できるようにもなると思うよ。

さァ，それじゃ，早速講義を始めよう！

● 媒介変数って，仲人さん！？

2 次関数 $y = x^2 + x - 2$ や三角関数 $y = 2\sin x$ など $y = f(x)$ の形で表される関数のことを"**陽関数**"といい，だ円 $\dfrac{x^2}{4} + \dfrac{y^2}{5} = 1$ や双曲線 $\dfrac{x^2}{3} - \dfrac{y^2}{2} = -1$，それに $x^2 + xy + y^2 = 1$ など，x と y が入り組んで，$y = f(x)$ の形では表せな

> これが高校レベルでどんな曲線になるかは分からなくてもいいよ。
> 本当は，原点のまわりに **45°** 回転すれば，だ円であることがわかるんだけどね。

いものを"**陰関数**"というんだよ。このように，xy 平面上の曲線の多くは，陽関数や陰関数で表すことができるんだけれど，これ以外にも，"**媒介変数**"によって曲線を表すこともできる。この"**媒介変数表示された曲線**"について，これから詳しく解説していこう。

xy 座標平面上の曲線で，

$$\begin{cases} x = f(t) \\ y = g(t) \end{cases}$$

のように，x も y も共に t の関数として表される場合，この t を "媒介変数" と呼び，この曲線のことを "媒介変数表示された曲線" という。

抽象的で分かりにくいって？　いいよ，具体例で話そう。

(ex) xy 平面上で，曲線が，

$$\begin{cases} x = 2t & \cdots\cdots\text{⑦} \\ y = -t^2 + 1 & \cdots\cdots\text{④} \end{cases}$$ で表されるとき，

x も y も t の関数となっているので，これは媒介変数 t で表された曲線なんだね。

エッ，この曲線を具体的にどう求めるのかって？　それは，t にある値を代入すると，⑦，④より x と y の座標が決まるので，xy 平面上にポツンと 1 つ点が与えられる。また，別の t の値を代入すると，⑦，④より別の点がポツンと決まる。このようにして t の値を変化させながら，xy 平面上にポツン，ポツンと点をとっていき，それらを<u>滑らかな曲線</u>で結べば，⑦，④で与えられる曲線が描けるんだね。

実際には，とがったりする場合もあるんだけどね。

たとえば，

(i) $t = -1$ のとき，⑦，④より　$x = 2 \cdot (-1) = -2$，$y = -(-1)^2 + 1 = 0$

∴この曲線は点 $(-2, 0)$ を通る。←──1つ目のポツン！

(ii) $t = 0$ のとき，⑦，④より　$x = 2 \cdot 0 = 0$，$y = -0^2 + 1 = 1$

∴この曲線は点 $(0, 1)$ を通る。←──2つ目のポツン

(iii) $t = 1$ のとき，⑦，④より　$x = 2 \cdot 1 = 2$，$y = -1^2 + 1 = 0$

∴この曲線は点 $(2, 0)$ を通る。←──3つ目のポツン

(iv) $t = 2$ のとき，⑦，④より　$x = 2 \cdot 2 = 4$，$y = -2^2 + 1 = -3$

∴この曲線は点 $(4, -3)$ を通る。←──4つ目のポツン

以上 (i) ～ (iv) より,
$\begin{cases} x = 2t & \cdots\cdots \text{⑦} \\ y = -t^2 + 1 & \cdots\cdots \text{④} \end{cases}$ で表される
曲線は, $(-2, 0)$, $(0, 1)$, $(2, 0)$,
$(4, -3)$ を通るので, これらを滑
らかな曲線で結んで, 図1に示す
ような曲線になることが分かるん
だね。納得いった? ⑦, ④により,
x と y は変数 t を媒介して (仲立ち

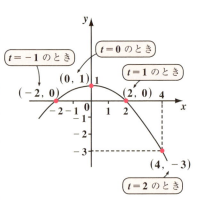

図1 媒介変数表示された曲線

として) 結ばれているので, 変数 t のことを媒介変数と呼ぶんだね。
つまり, 変数 t とは, x と y の仲をとりもつ仲人さんってわけなんだ。

エッ, x と y の関係式を直接求めた方が分かりやすいから媒介変
数 t はじゃまじゃないのかって? そうだね。だからできることな
らば「じゃま者は消せ!」ということで t を消去して直接 x と y
　　　　　　キャ! マフィアだ!!
の関係式を求められる場合もある。

今回の例では, ⑦より $t = \dfrac{x}{2}$ ……⑦′ とできるので, これを④
に代入すれば,

$y = -\left(\dfrac{x}{2}\right)^2 + 1$ ∴ $y = -\dfrac{1}{4}x^2 + 1$ ……⑤ となって, t は消去され
て, x と y の関係式がスグ求まる。⑤から, 求める曲線の正体は点
$(0, 1)$ を頂点とする上に凸の放物線だったんだ。このことは, 図1
のグラフからも, よく分かるね。

でも, たとえば, $x = t^3 - 2\cos t$, $y = \sqrt{t} + t^2$ (t:媒介変数) などと
与えられたなら, 簡単に t は消去できないから, t の値を変化させな
がら, ポツン, ポツン …と xy 平面上に点を求めて, 曲線を描いて
いくやり方は, 原始的 (?) かも知れないけど, 有効な手法なんだよ。

ここで，媒介変数は何も t でなくてもかまわない。同じ $(ex1)$ の曲線を
$\begin{cases} x = 2u \\ y = -u^2 + 1 \end{cases}$ (u：媒介変数) と表しても
$\begin{cases} x = 2\theta \\ y = -\theta^2 + 1 \end{cases}$ (θ：媒介変数) と表してもかまわないんだ。つまり，媒介変数に使う文字は，x, y 以外であれば t でも u でも θ でも，なんでもかまわないんだね。大丈夫？

● **円を媒介変数表示してみよう！**

原点を中心とする半径 r の円の方程式は，みんな覚えてるね。…，そう，$x^2 + y^2 = r^2$ (r：半径) だね。
（⊕の定数）

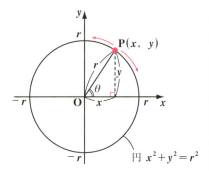

図2 円の媒介変数表示

この円を図2に示す。そしてこの円周上に動点 $P(x, y)$ をとり，動径 OP と x 軸の正の向きとのなす角を θ とおくと，三角関数の定義から，
（回転して動く半径のこと）

$\dfrac{x}{r} = \cos\theta$, $\dfrac{y}{r} = \sin\theta$ となるので，

これから $x = r \cdot \cos\theta$, $y = r \cdot \sin\theta$ と表すことができる。
（定数）（変数）（定数）（変数）

ここで，半径 r は定数だけど，点 P は円周上をクルクル動く点なので，θ は変数なんだね。そして，この変数 θ は x と y の仲をとりもつ変数だから …，そう，媒介変数になっているんだね。つまり，原点を中心とする円を媒介変数表示すると，

$\begin{cases} x = r\cos\theta \\ y = r\sin\theta \end{cases}$ (θ：媒介変数) となるんだ。納得いった？

83

円の媒介変数表示

円：$x^2+y^2=r^2$ （r：半径）を媒介変数を使って表すと，

$$\begin{cases} x = r\cos\theta \\ y = r\sin\theta \end{cases}$$ （θ：媒介変数，r：正の定数）となる。

ここで，$x^2+y^2=r^2$ ……㋐，$x=r\cos\theta$ ……㋑，$y=r\sin\theta$ ……㋒ とおこう。そして，円を媒介変数表示した式㋑と㋒を，元の円の方程式㋐に代入してごらん。すると，

$$\underline{(r\cos\theta)^2}_{r^2\cos^2\theta}+\underline{(r\sin\theta)^2}_{r^2\sin^2\theta}=r^2 \qquad r^2\cos^2\theta+r^2\sin^2\theta=r^2$$

となるので，この両辺を $r^2(>0)$ で割ると，三角関数の基本公式 $\cos^2\theta+\sin^2\theta=1$ が導かれるのが分かるだろう。数学って本当によく出来てるんだね。

このカラクリが分かると，図3に示すようなもっと一般的な，中心が $A(a, b)$，半径 $r(>0)$ の円 $(x-a)^2+(y-b)^2=r^2$ の媒介変数表示もできるようになるんだよ。

図3 円 $(x-a)^2+(y-b)^2=r^2$ の媒介変数表示

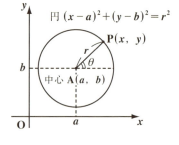

$$x^2+y^2=r^2 \xrightarrow[\text{平行移動}]{(a, b)\text{だけ}} (x-a)^2+(y-b)^2=r^2$$
$$\begin{cases} x \to x-a \\ y \to y-b \end{cases}$$

最終的に $\cos^2\theta+\sin^2\theta=1$ となるようにすればいいだけなんだ。だから，

$(x-a)^2+(y-b)^2=r^2$ について，平行移動項の a と b が，⊕，⊖で打ち消し
  $\underline{}_{r\cos\theta+a}$ $\underline{}_{r\sin\theta+b}$
合うようにして，媒介変数表示すればいい。よって，

円 $(x-a)^2+(y-b)^2=r^2$ ……㋐の媒介変数表示は

$$\begin{cases} x=r\cos\theta+a & \cdots\cdots㋑ \\ y=r\sin\theta+b & \cdots\cdots㋒ \end{cases} \quad (\theta：媒介変数，r：正の定数)\ となる。$$

実際に㋑と㋒を㋐に代入すると，

$$(r\cos\theta+a-a)^2+(r\sin\theta+b-b)^2=r^2$$

> a 同士 b 同士が，⊕，⊖で打ち消し合って，ウマクいった！

$r^2\cos^2\theta+r^2\sin^2\theta=r^2$　　両辺を r^2 で割って，ナルホド，

$\cos^2\theta+\sin^2\theta=1$　が導けて **OK** なんだね。納得いった？

それでは，円の媒介変数表示を次の練習問題で練習してみよう。

練習問題 24　**円の媒介変数表示**　CHECK*1*　CHECK*2*　CHECK*3*

次の円の方程式を媒介変数 θ $(0\leqq\theta<2\pi)$ を使って表示せよ。

(1) $x^2+y^2=5$　　　　(2) $(x-2)^2+(y+1)^2=4$

---

(1) は原点を中心とする半径 $r=\sqrt{5}$ の円を媒介変数表示する。(2) は，中心 $(2，-1)$，半径 $r=2$ の円を媒介変数表示するんだね。公式 $\cos^2\theta+\sin^2\theta=1$ となるように，平行移動項をたすか，引くか考えるといいんだ。

(1) $x^2+y^2=5$ は，原点を中心とする半径 $r=\sqrt{5}$ の円より，これを媒介変数 θ を使って表示すると，

$$\begin{cases} x=\sqrt{5}\cos\theta \\ y=\sqrt{5}\sin\theta \quad (0\leqq\theta<2\pi) \end{cases}\ となる。$$

> θ は $0°$ から $360°$ まで，1 周まわれば，円を完全に表せる。

$0\leqq$ → $0°$　　2π → $360°$ のこと

(2) $(x-2)^2+(y+1)^2=4$ は，中心 $(2，-1)$，半径 $r=2$ の円より，これを

x → $2\cos\theta+2$　　y → $2\sin\theta-1$

媒介変数 θ を使って表示すると，

$$\begin{cases} x=2\cos\theta+2 \\ y=2\sin\theta-1 \quad (0\leqq\theta<2\pi) \end{cases}\ となる。$$

> これを円の式に代入すると，
> $(2\cos\theta+2-2)^2+(2\sin\theta-1+1)^2=4$
> $4\cos^2\theta+4\sin^2\theta=4$
> $\cos^2\theta+\sin^2\theta=1$ と，公式が導けるから，**OK** だね！

85

これで，円の媒介変数表示の仕方にも慣れただろう？ エッ，慣れたけど，なんで円を媒介変数表示にする必要があるのかって？ もっともな疑問だね。それは，表現のヴァリエーションが増えることによって，解ける問題の幅がグッと広がるからなんだ。たとえば，次の練習問題は円を媒介変数で表すことによってアッサリ解けてしまうんだよ。

練習問題 25　円の媒介変数表示の応用　CHECK 1　CHECK 2　CHECK 3

$x^2+y^2=1$ $(y \geq 0)$ で表される半円周上の点 $P(x, y)$ に対して，xy の最大値と最小値を求めよ。

半径1の上半円 $x^2+y^2=1$ $(y \geq 0)$ を媒介変数表示すると $x=\cos\theta$，$y=\sin\theta$ となるので，$xy=\cos\theta \cdot \sin\theta$ と，三角関数の問題になるんだね。頑張れ！

$x^2+y^2=1$ $(y \geq 0)$ は，右図に示すように，原点 O を中心とする半径 $r=1$ の上半円なので，これを媒介変数 θ を使って表すと，

$\begin{cases} x = 1 \cdot \cos\theta = \underline{\cos\theta} & \cdots\cdots ① \\ y = 1 \cdot \sin\theta = \underline{\sin\theta} & \cdots\cdots ② \end{cases}$

$(0 \leq \theta \leq \pi)$　──［上半円なので，θ の範囲はこうなる！］

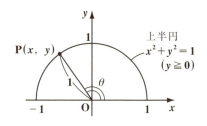

ここで，$I = x \cdot y$ ……③　とおいて I の最大値と最小値を求める。
③に①，②を代入して，

$I = \underline{\cos\theta \cdot \sin\theta} = \dfrac{1}{2}\sin 2\theta$　──［2倍角の公式 $\sin 2\theta = 2\sin\theta\cos\theta$ を使った。］

ここで，$\underline{0 \leq \theta \leq \pi}$ より，　$\underline{0 \leq 2\theta \leq 2\pi}$ となる。よって，$\sin 2\theta$ は，
　　　　　　　　　　　　　　　［各辺を2倍して］

(ⅰ) $2\theta = \dfrac{\pi}{2}$ のとき最大値1をとり，(ⅱ) $2\theta = \dfrac{3}{2}\pi$ のときに最小値 -1 をとる。
　　　　　　［90°］　　　　　　　　　　　　　　　　　　　［270°］

以上より，I，すなわち xy は，

（ i ）$\theta = \dfrac{\pi}{4}$ のとき，最大値 $I = xy = \dfrac{1}{2} \cdot 1 = \dfrac{1}{2}$ をとり

（ ii ）$\theta = \dfrac{3}{4}\pi$ のとき，最小値 $I = xy = \dfrac{1}{2} \cdot (-1) = -\dfrac{1}{2}$ をとる。

このように，(半) 円を媒介変数表示することにより，簡単に問題が解ける
場合もあるんだよ。

● だ円も，媒介変数表示してみよう！

だ円 $\dfrac{x^2}{a^2} + \dfrac{y^2}{b^2} = 1$ ……⑦ $(a > 0, \ b > 0)$ も，媒介変数 θ を使って表すこと
ができる。どう表すか分かる？ …，そうだね，円の媒介変数表示のとき
と同様に最終的に三角関数の基本公式 $\cos^2\theta + \sin^2\theta = 1$ に帰着するよう
にすればいいわけだからね。よって，だ円は，

$$\begin{cases} x = a\cos\theta & \cdots\cdots ④ \\ y = b\sin\theta & \cdots\cdots ⑨ \ (\theta：媒介変数，a, \ b：正の定数) \end{cases}$$

と，媒介変数表示できるんだ。

実際に，④と⑨を⑦に代入すると，

$$\dfrac{(a\cos\theta)^2}{a^2} + \dfrac{(b\sin\theta)^2}{b^2} = 1, \qquad \dfrac{a^2\cos^2\theta}{a^2} + \dfrac{b^2\sin^2\theta}{b^2} = 1$$

$\cos^2\theta + \sin^2\theta = 1$ となって，ナルホドうまくいくからだ。

これも，公式としてまとめておこう。

だ円の媒介変数表示

だ円 $\dfrac{x^2}{a^2} + \dfrac{y^2}{b^2} = 1$ $(a > 0, \ b > 0)$ を媒介変数 θ を使って表すと

$$\begin{cases} x = a\cos\theta \\ y = b\sin\theta & (\theta：媒介変数，a, \ b：正の定数) となる。 \end{cases}$$

87

だ円 $\dfrac{x^2}{a^2}+\dfrac{y^2}{b^2}=1$ の a と b が共に等しくて，$r\ (>0)$ であるとき，$a=b=r$ となる。よって，このだ円の式は，

$\dfrac{x^2}{r^2}+\dfrac{y^2}{r^2}=1$ となるので，この両辺に r^2 をかけて，

$x^2+y^2=r^2$ と，円の方程式になるんだね。

また，だ円の媒介変数表示 $\begin{cases} x=a\cos\theta \\ y=b\sin\theta \end{cases}$ も，$a=b=r$ のときは，

$\begin{cases} x=r\cos\theta \\ y=r\sin\theta \end{cases}$ と，当然，円の媒介変数表示の形になるんだね。

このように，円とは，だ円の定数 a と b がたまたま等しくなる特殊な場合と考えることができるんだね。

さらに，半径 1 の円とだ円との関係についても話しておこう。一般に，原点を中心とする，半径 $r=1$ の円を "**単位円**" というんだった。つまり，$x^2+y^2=1$ のことだね。半径 $r=1$ の円より，この単位円を媒介変数で表すと，当然，

$\begin{cases} x=\underline{1}\cdot\cos\theta \quad \cdots\cdots ㋐ \\ y=\underline{1}\cdot\sin\theta \quad \cdots\cdots ㋑ \end{cases}$ となる。

これに対して，だ円 $\dfrac{x^2}{a^2}+\dfrac{y^2}{b^2}=1$ を媒介変数表示したものは，

$\begin{cases} x=\underline{a}\cos\theta \quad \cdots\cdots ㋒ \\ y=\underline{b}\sin\theta \quad \cdots\cdots ㋓ \end{cases}$ だから，

図 4 に示すように，ちょうどゴムの上に描かれた単位円を，x 軸方向に $\underline{a}$ 倍，y 軸方向に $\underline{b}$ 倍，ビョ～ン

図 4 単位円とだ円

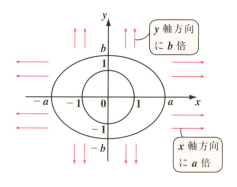

と拡大 (または縮小) したものが，だ円 $\dfrac{x^2}{a^2}+\dfrac{y^2}{b^2}=1$ であることが分かる

$\boxed{a,\ b \text{ が } 1 \text{ より}\\ \text{大のとき}}$　$\boxed{a,\ b \text{ が } 1 \text{ より}\\ \text{小のとき}}$

だろう。このように，円とだ円とは切っても切れない関係があるんだ。

大丈夫？　それでは，次の練習問題で，実際にだ円を媒介変数表示で表し

てみよう。

練習問題 26　だ円の媒介変数表示　CHECK *1*　CHECK *2*　CHECK *3*

次のだ円の方程式を媒介変数 θ $(0 \leqq \theta < 2\pi)$ を使って表示せよ。

(1) $\dfrac{x^2}{4}+\dfrac{y^2}{3}=1$　　　　(2) $\dfrac{(x-1)^2}{9}+\dfrac{(y+2)^2}{4}=1$

だ円 $\dfrac{x^2}{a^2}+\dfrac{y^2}{b^2}=1$ の媒介変数表示は $x=a\cos\theta,\ y=b\sin\theta$ だから，(1) はこの
公式通りだね。(2) は，平行移動項が入っているけれど，最終的には $\cos^2\theta+$
$\sin^2\theta=1$ となるように考えていけばいいんだ。頑張ろう！

(1) だ円 $\dfrac{x^2}{2^2}+\dfrac{y^2}{(\sqrt{3})^2}=1$ を媒介変数 θ $(0 \leqq \theta < 2\pi)$ を使って表すと，

$$\begin{cases} x=2\cos\theta \\ y=\sqrt{3}\sin\theta \quad (0 \leqq \theta < 2\pi) \end{cases} \text{となる。}$$

公式通りだから，簡単だったはずだ。

(2) $\dfrac{x^2}{3^2}+\dfrac{y^2}{2^2}=1 \xrightarrow[\text{平行移動}]{(1,\ -2) \text{だけ}} \dfrac{(x-1)^2}{9}+\dfrac{(y+2)^2}{4}=1$　となるので，

$$\begin{cases} \cdot\ x \to x-1 \\ \cdot\ y \to y+2 \end{cases}$$

$\dfrac{(x-1)^2}{9}+\dfrac{(y+2)^2}{4}=1$ の媒介変数表示は，$x=3\cos\theta$ と $y=2\sin\theta$ に

89

それぞれ平行移動の項を付ければいいんだね。

ここで，

$\dfrac{(x-1)^2}{9}+\dfrac{(y+2)^2}{4}=1$　について，

（3cos θ+1）（2sin θ-2）の注釈付き

$\begin{cases} x=3\cos\theta+1 \\ y=2\sin\theta-2 \quad (0\leqq\theta<2\pi) \quad とおけば， \end{cases}$

$\dfrac{(3\cos\theta+1-1)^2}{9}+\dfrac{(2\sin\theta-2+2)^2}{4}=1$

$\dfrac{3^2\cdot\cos^2\theta}{9}+\dfrac{2^2\cdot\sin^2\theta}{4}=1$

∴ $\cos^2\theta+\sin^2\theta=1$ が導けるので，うまくいくことが分かるはずだ。

これから，だ円 $\dfrac{(x-1)^2}{9}+\dfrac{(y+2)^2}{4}=1$ を，媒介変数 θ $(0\leqq\theta<2\pi)$

を使って表すと，

$\begin{cases} x=3\cos\theta+1 \\ y=2\sin\theta-2 \quad (0\leqq\theta<2\pi) \quad となる。納得いった？ \end{cases}$

● サイクロイド曲線もマスターしよう！

　本格的な媒介変数表示された曲線の中でも最も有名なものの**1**つとして，
"サイクロイド曲線"がある。これから解説しよう。エッ，言葉からして，
難しそうだって!? 確かに，耳慣れない言葉だけれど，その曲線を描く原理は
極めて単純で，円をゆっくりゴロゴロ回転する要領で描ける曲線なんだよ。

　図**5**に示すように，はじめは x 軸と原点で接する半径 a の円 C がある
ものとしよう。そして，この円上の点で，初めに原点と同じ位置にあるも
のを P とおくよ。

図5に示すように、この円 C をキュッとスリップさせることなく、x 軸と接するようにゆっくりゴロゴロと回転させたとき、初め原点の位置にあった円周上の点 P が描くカマボコ型の曲線がサイクロイド曲線なんだね。図5は、円 C が1回転して描くサイクロイド曲線だけれど、これが、1回転、2回転、3回転、…することにより、同形のカマボコ型のサイクロイド曲線が次々と描けることを、図6に示

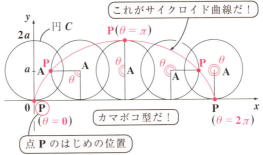

図5 サイクロイド曲線の概形

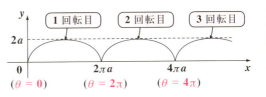

図6 円が1回転以上まわるときのサイクロイド曲線

した。このように、具体的な曲線の概形が分かれば、サイクロイド曲線についても、少しなじみがもてるようになったと思う。

そして、このサイクロイド曲線は、円の回転角を θ とおくと、この θ を媒介変数として、次のような方程式で表すことができるんだね。

サイクロイド曲線

サイクロイド曲線は、媒介変数 θ を用いて次のように表せる。

$$\begin{cases} x = a(\theta - \sin\theta) \\ y = a(1 - \cos\theta) \end{cases} \quad (\theta : 媒介変数, \ a : 正の定数)$$

(円の半径のこと)

エッ、この方程式の意味が、サッパリ分からないって!? 当然だね。これから詳しく解説しよう。そのための準備として、中心角 θ の扇形の円弧の長さ l が重要なので、これをまず復習しておこう。

91

図7に示すように、半径 a の円周の長さは、$2\pi a$ となるのはいいね。このときの中心角は当然 2π（ラジアン）だ。これに対して、中心角 θ の円弧の長さを l とおくと、円周の長さ $2\pi a$ と円弧の長さ l はそれぞれの中心角に比例するので、

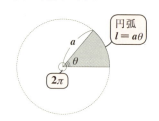

図7 円弧の長さ l

$2\pi a : l = 2\pi : \theta$ となる。よって、$2\pi \cdot l = 2\pi a \cdot \theta$

両辺を 2π で割ると、円弧の長さ $l = a\theta$ …（*）の公式が導けるんだね。

では、サイクロイド曲線の方程式について解説しよう。

円 C が θ だけ回転したときの様子を図8に示すね。ここで重要なことは、円がキュッとスリップすることなくゆっくり回転していくので、θ だけ回転した後の円 C と x 軸との接点を Q とおくと、線分 OQ の長さと、円弧 PQ の長さ $a\theta$ とが等しくなるんだね。

これは、円弧の公式通りだ！

よって、θ だけ回転した後の円 C の中心 A の座標は、$A(a\theta, a)$ となるんだね。

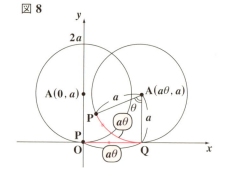

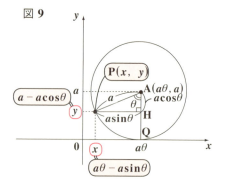

92

図9に示すように，Pから線分AQに下ろした垂線の足をHとおき，直角三角形APHで考えると，

$\dfrac{\text{PH}}{\text{AP}} = \dfrac{\text{PH}}{a} = \sin\theta$ より，$\text{PH} = a\sin\theta$

$\dfrac{\text{AH}}{\text{AP}} = \dfrac{\text{AH}}{a} = \cos\theta$ より，$\text{AH} = a\cos\theta$

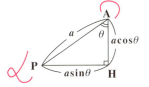

よって，動点Pのx座標とy座標は，

$x = a\theta - a\sin\theta = a(\theta - \sin\theta)$
　　　（中心Aのx座標）

$y = a - a\cos\theta = a(1 - \cos\theta)$ となって，媒介変数θによるサイクロイド
　　（中心Aのy座標）

曲線の方程式：

$\begin{cases} x = a(\theta - \sin\theta) \\ y = a(1 - \cos\theta) \end{cases}$ （θ：媒介変数，a：正の定数）　が導けるんだね。
　　　　　　　　　　　　（円の半径）

面白かった？

このサイクロイド曲線は，また積分の応用として，面積計算や曲線の長さの計算のところで解説するから，この方程式をシッカリ頭の中に入れておいてくれ。

以上で，今日の講義も終了です。今日の講義をマスターできれば，媒介変数表示された曲線の基本もシッカリ固まるから，ヨ～ク反復練習しておくといいよ。

では，次回は"極座標"と"極方程式"について教えよう。また，分かりやすく解説するから，次回の講義も楽しみにしてくれ。

それじゃ，みんな元気でな。また会おう！さようなら…。

7th day 極座標と極方程式

みんなおはよう！ これまで3回に渡って，"式と曲線"について講義してきたけれど，今日で"式と曲線"も最終回になるんだよ。最後に扱うテーマは"極座標と極方程式"だ。

千代田区1丁目1番地というと，確か皇居だったと思うけど，この同じ場所を指定するのに北緯○度○分，東経○度○分などというやり方もあるんだね。これと同様にこれまでは xy 平面上の点を指定するのに，x 座標と y 座標を用いていたけれど，それ以外に，これから解説する"極座標"による指定も可能なんだ。

また，xy 平面上の曲線を，陽関数や陰関数など，x と y の関係式(方程式)で表してきたけれど，それを極座標平面上では"極方程式"を使って表すことも勉強しよう。

　　　　　　　　　$y=f(x)$ の形　　円やだ円など…

今日も，内容が盛り沢山だけど，また分かりやすく教えるから，肩の力を抜いて聞いてくれ。面白いと思うよ。

● 極座標でも点が表せる！

図 1(i) に示すように，xy 座標平面上で，ある点 P の位置は，x 座標と y 座標が分かれば，$P(x, y)$ と表して指定することができる。これは，今までずっとやってきたことだから大丈夫だね。

これに対して"極座標"では，図 1(ii) に示すように，"極"O と "始線"OX をまず定める。そして，点 P と極 O を結ぶ線分 OP を"動径"と呼び始線 OX と動径 OP のなす

図1 xy 座標と極座標
(i) xy 座標

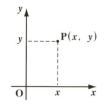

(ii) 極座標

角 θ を"**偏角**"と呼ぶ。すると，極以外の点 P は始線 OX からの偏角 θ と，O からの距離 r を指定すれば，その位置が決まるのが分かるだろう。これ
〔動径 OP の長さ〕
から点 P は極座標で，P(r, θ) と表すことができる。大丈夫？

ここで，図 2 に示すように，図 1(i)の xy 座標と(ii)の極座標を，Ox と OX とが一致
〔x 軸の正の部分〕 〔始線〕
するように重ねてみると，xy 座標 P(x, y) と極座標 P(r, θ) との変換公式が見えてくるはずだ。

図 2 xy 座標と極座標

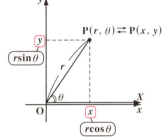

(i) P(r, θ) が与えられたならば，$\sin\theta$ と $\cos\theta$ の三角関数の定義式 $\dfrac{x}{r} = \cos\theta$，$\dfrac{y}{r} = \sin\theta$ から

$$\begin{cases} x = r\cos\theta \\ y = r\sin\theta \end{cases}$$ の変換公式より

P(x, y) を求めることができる。

(ii) 逆に，P(x, y) が与えられたならば，三平方の定理と $\tan\theta$ の定義式から

$$\begin{cases} r = \sqrt{x^2 + y^2} \quad (\because x^2 + y^2 = r^2) \\ \tan\theta = \dfrac{y}{x} \quad (x \neq 0) \end{cases}$$ の変換公式より

P(r, θ) を求めることができる。

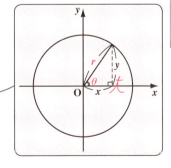

以上(i)(ii)を模式図で表すと次のようになる。

$$P(r, \theta) \underset{r = \sqrt{x^2+y^2},\ \tan\theta = \frac{y}{x}\ (x \neq 0)}{\overset{x = r\cos\theta,\ y = r\sin\theta}{\rightleftarrows}} P(x, y)$$

それでは，極座標で与えられた点の座標を，xy 座標に変換する練習をしてみよう。

| 練習問題 **27** | $(r, \theta) \to (x, y)$ への変換 | CHECK **1** | CHECK **2** | CHECK **3** |

次の極座標で表された点の座標を，xy 座標に変換せよ。

(1) $A\left(4, \dfrac{\pi}{3}\right)$　　　**(2)** $B\left(2, \dfrac{5}{6}\pi\right)$　　　**(3)** $C\left(2\sqrt{2}, -\dfrac{\pi}{4}\right)$

極座標 $(r, \theta) \to xy$ 座標 (x, y) への変換公式は $x = r\cos\theta$, $y = r\sin\theta$ だった。これを使って変換していけばいいんだよ。

(1) 点 A の極座標は，$A\left(\boxed{4}, \boxed{\dfrac{\pi}{3}}\right)$ より，

（r）（$\theta = 60°$）

点 A の xy 座標系での座標を $A(x, y)$

とおくと，

$$\begin{cases} x = r \cdot \cos\theta = 4 \cdot \boxed{\cos\dfrac{\pi}{3}} = 4 \cdot \dfrac{1}{2} = 2 \\[2mm] y = r \cdot \sin\theta = 4 \cdot \boxed{\sin\dfrac{\pi}{3}} = 4 \cdot \dfrac{\sqrt{3}}{2} = 2\sqrt{3} \end{cases}$$

（$\dfrac{1}{2}$）（$\dfrac{\sqrt{3}}{2}$）

極座標 $A\left(4, \dfrac{\pi}{3}\right) \longrightarrow$ xy 座標 $A(2, 2\sqrt{3})$

となるので，xy 座標系での点 A の座標は $A\left(2, 2\sqrt{3}\right)$ となる。

(2) 点 B の極座標は $B\left(\boxed{2}, \boxed{\dfrac{5}{6}\pi}\right)$ より，

（r）（$\theta = 150°$）

点 B の xy 座標系での座標を $B(x, y)$

とおくと，

$$\begin{cases} x = r \cdot \cos\theta = 2 \cdot \boxed{\cos\dfrac{5}{6}\pi} = 2 \cdot \left(-\dfrac{\sqrt{3}}{2}\right) = -\sqrt{3} \\[2mm] y = r \cdot \sin\theta = 2 \cdot \boxed{\sin\dfrac{5}{6}\pi} = 2 \cdot \dfrac{1}{2} = 1 \end{cases}$$

（$-\dfrac{\sqrt{3}}{2}$）（$\dfrac{1}{2}$）

極座標 $B\left(2, \dfrac{5}{6}\pi\right) \longrightarrow$ xy 座標 $B(-\sqrt{3}, 1)$

96

となるので，xy 座標系での点 B の座標は $B\left(-\sqrt{3},\ 1\right)$ となる。

(3) 点 C の極座標は $C\left(\overset{\boxed{r}}{2\sqrt{2}},\ \overset{\boxed{\theta=-45°}}{-\dfrac{\pi}{4}}\right)$ より，

点 C の xy 座標系での座標を $C(x,\ y)$

とおくと，

$$
\begin{cases}
x = r \cdot \cos\theta = 2\sqrt{2} \cdot \overset{\boxed{\frac{1}{\sqrt{2}}}}{\boxed{\cos\left(-\dfrac{\pi}{4}\right)}} = 2\sqrt{2} \cdot \dfrac{1}{\sqrt{2}} = 2 \\[3mm]
y = r \cdot \sin\theta = 2\sqrt{2} \cdot \underset{\boxed{-\frac{1}{\sqrt{2}}}}{\boxed{\sin\left(-\dfrac{\pi}{4}\right)}} = 2\sqrt{2} \cdot \left(-\dfrac{1}{\sqrt{2}}\right) = -2
\end{cases}
$$

となるので，xy 座標系での点 C の座標は $C(2,\ -2)$ となる。

どう？　極座標から xy 座標への変換公式って，円の媒介変数表示の公式と形式的に同じだったから覚えやすかっただろう。ただし，円の媒介変数表示では，θ は変数だけど，今回の座標の変換公式では θ は定数なんだね。これは要注意だよ。

● xy 座標から極座標にも変換してみよう！

練習問題 **27** で，極座標 $\rightarrow$ xy 座標の変換の練習をして，

極座標　　　　　　　xy 座標

(1) $A\left(4,\ \dfrac{\pi}{3}\right)$ $\longrightarrow$ $A\left(2,\ 2\sqrt{3}\right)$

(2) $B\left(2,\ \dfrac{5}{6}\pi\right)$ $\longrightarrow$ $B\left(-\sqrt{3},\ 1\right)$

(3) $C\left(2\sqrt{2},\ -\dfrac{\pi}{4}\right)$ $\longrightarrow$ $C(2,\ -2)$　の結果が導けたんだね。

それではこの逆の変換，つまり xy 座標 $\rightarrow$ 極座標への変換をやってみようか。エッ，当然 xy 座標系での $A\left(2,\ 2\sqrt{3}\right)$ を極座標に変換したら $A\left(4,\ \dfrac{\pi}{3}\right)$ になるに決まってるって？　う〜ん，それがそうとも言えないんだ。

97

問題は，θが一般角の場合を考慮しないといけないこと。それともう1つ，実はrは負の値にもなり得るってことなんだ。1つ1つていねいに説明していこう。

図3に示すように点Aがxy座標平面上で$A(\underbrace{2}_{x}, \underbrace{2\sqrt{3}}_{y})$と与えられている場合，動径OAの大きさは，

$$OA = \sqrt{2^2 + (2\sqrt{3})^2} = \sqrt{4+12} = 4$$

より，極座標の$r=4$となるのはいいね。

でも，偏角θは$\theta = \dfrac{\pi}{3}$だけでなく，図3(ⅰ)，(ⅱ)に示すように，$\theta = \dfrac{7}{3}\pi$ 〔$\dfrac{\pi}{3}+2\pi$ のこと〕や$-\dfrac{5}{3}\pi$ 〔$\dfrac{\pi}{3}-2\pi$ のこと〕など，自由に取れるだろう。

これはもっと一般化して$\theta = \dfrac{\pi}{3}+2n\pi$ $(n=0, \pm1, \pm2, \cdots)$と一般角の形で表せるので，無数の偏角が存在することになるんだ。

さらに，rは負の値も取り得るので図4に示すように，まず極座標で点A′を$A'(\underbrace{4}_{r}, \underbrace{-\dfrac{2}{3}\pi}_{\theta})$となるようにとり，この$r=4$の符号を変えて，$-4$にすると点A′は，原点Oに対称な点Aにポーンと飛んで行くことになる。よって，点

図3 $A(x, y) \rightarrow A(r, \theta)$
(ⅰ)

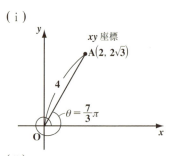

(ⅱ)

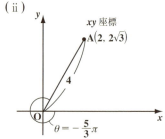

図4 $A(x, y) \rightarrow A(r, \theta)$

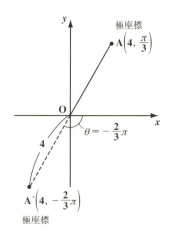

A の極座標は，$A\left(-4, -\dfrac{2}{3}\pi\right)$ と表すこともできるんだ。そしてさらに，

> これもまた一般角になり得る！

この偏角 $-\dfrac{2}{3}\pi$ は一般角としていいので，$-\dfrac{2}{3}\pi + 2n\pi$（$n = 0, \pm 1, \pm 2,$ $\cdots$）となるんだ。

ヒェ～，ヴァリエーションが多すぎて，やってられないって!? 当然の不満だね。だから xy 座標 (x, y) → 極座標 (r, θ) に変換するとき，このような混乱を避けるために，$r > 0$ と $0 \leqq \theta < 2\pi$ の条件を付けてやれば

> または，$-\pi \leqq \theta < \pi$ もよく使われる。要は θ が1周分動けば十分なんだね。

いいんだね。このような制約条件を付けることにより，xy 座標 → 極座標への変換を一意的（いちいてき）に行うことができるんだ。

> "ただ1通りに"という意味。数学ではよく使う表現だ！

$r = 0$ の特別な場合，点 P が極 O と一致して偏角 θ が定まらなくなるね。よって，極 O の極座標は，$O(0, \theta)$（θ：不定）と表せばいい。

以上で，xy 座標 → 極座標への変換についての解説が終わったので，次の練習問題で実際に変換してみよう。

練習問題 28	$(x, y) \to (r, \theta)$ への変換	CHECK *1*	CHECK *2*	CHECK *3*

次の xy 座標で表された点の座標を極座標 (r, θ) で表せ。ただし $r > 0$，$0 \leqq \theta < 2\pi$ とする。

(1) $D(\sqrt{3}, 1)$ (2) $E(-5, 0)$ (3) $F(-3, -3)$

$r > 0$，$0 \leqq \theta < 2\pi$ の条件が付いているので，xy 座標系で表された各点の座標は，一意的に極座標に変換できるんだね。変換公式は $r = \sqrt{x^2 + y^2}$，$\tan\theta = \dfrac{y}{x}$ だけど，偏角 θ は，$\tan\theta$ の式を使わなくても，図形的にすぐ分かると思う。

(1) 点 D の xy 座標は D($\sqrt{3}$, 1) より点 D の極座標を D(r, θ) ($0 < r$, $0 \leqq \theta < 2\pi$) とおくと,

$$\begin{cases} r = \sqrt{x^2 + y^2} = \sqrt{(\sqrt{3})^2 + 1^2} = \sqrt{3+1} \\ = \sqrt{4} = 2 \\ \tan\theta = \dfrac{y}{x} = \dfrac{1}{\sqrt{3}} \text{ で, } 0 \leqq \theta < 2\pi \text{ より, } \theta = \dfrac{\pi}{6} \end{cases}$$

以上より, 点 D の極座標は D$\left(2, \dfrac{\pi}{6}\right)$ となる。

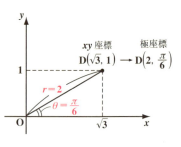

図形的に $\theta \neq \dfrac{7}{6}\pi$ は明らかだからね。

(2) 点 E の xy 座標は E(-5, 0) より
点 E の極座標を E(r, θ)
($0 < r$, $0 \leqq \theta < 2\pi$) とおくと,

$$\begin{cases} r = \sqrt{(-5)^2 + 0^2} = \sqrt{25} = 5 \\ \tan\theta = \dfrac{0}{-5} = 0 \text{ で, } 0 \leqq \theta < 2\pi \text{ より, } \theta = \pi \end{cases}$$

以上より, 点 E の極座標は E(5, π) となる。

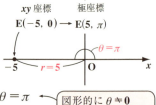

図形的に $\theta \neq 0$ は明らかだからね。

(3) 点 F の xy 座標は F(-3, -3) より
点 F の極座標を F(r, θ)
($0 < r$, $0 \leqq \theta < 2\pi$) とおくと,

$$\begin{cases} r = \sqrt{(-3)^2 + (-3)^2} = \sqrt{18} = 3\sqrt{2} \\ \quad\quad\quad\quad\quad\quad\quad\quad\; \boxed{3^2 \times 2} \\ \tan\theta = \dfrac{-3}{-3} = 1, \; \theta \text{ は第 3 象限の} \\ \text{角より, } \theta = \dfrac{5}{4}\pi \end{cases}$$

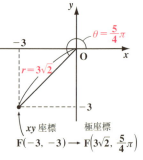

図形的に $\theta \neq \dfrac{\pi}{4}$ は明らかだからね。

以上より，点 F の極座標は $F\left(3\sqrt{2}, \dfrac{5}{4}\pi\right)$ となる。

どう？ これで，xy 座標→極座標への変換にも慣れただろう。

● **極方程式もマスターしよう！**

xy 座標系と極座標系における点の話は終わったので，これからさらに複雑な曲線や直線について解説しよう。これまで xy 座標系において $x^2+y^2=4$ や $y=\sqrt{3}x$ など，x と y との関係式 (方程式) により，さまざまな曲線や直線を表してきたね。当然，極座標系においては r と θ との関係式により，極座標平面上にさまざまな図形を描くことができる。この曲線や直線を表す r と θ の関係式のことを "**極方程式**" という。

このような曲線や直線を表す，それぞれの座標系の方程式を変換する公式は，点の座標変換のところで勉強した変換公式とまったく同じだよ。これを，模式図で表すと次のようになる。

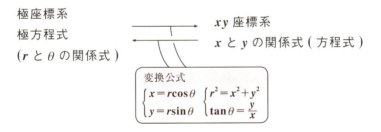

ンッ？ 抽象的で分かりづらいって？ 当然だ！ これから，具体例で示していこう。まず最初に xy 座標平面上における原点を中心とする半径 3 の円 $x^2+y^2=9$ が，極座標上のどのような極方程式になるのか調べてみようか？ エッ，早く知りたいって？ いいよ，変換公式 $r^2=x^2+y^2$ を使って早速調べてみよう。

（$r=\sqrt{x^2+y^2}$ の両辺を 2 乗したもの）

xy 座標平面上での円 $x^2+y^2=9$ ……㋐

が与えられているとき，これを極方程式に変換
する公式は，$r^2=x^2+y^2$ ……㋑ なので，
㋑を㋐に代入すると，

$r^2=9$ ……㋒ となる。ここで，$r>0$ とすると
㋒の両辺の正の平方根をとって，

$r=\sqrt{9}=3$ ∴ $r=3$ ……㋓ が導ける。

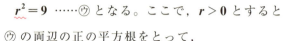

㋓は r の式のみで，r と θ の関係式にはなっていないけれど，この
$r=3$ ……㋓ は極座標平面上で円を表す立派
な(?)極方程式なんだよ。

図5 極方程式 $r=3$

㋓は θ については何も言っていないから，
θ は $\theta=\cdots$，θ_1，θ_2，θ_3，$\cdots$ と図5に示すよう
に自由に値を取り得る。でも，r は $r=3$ と
必ず極 O からの距離が一定の 3 でないとい
けない。これから図5に示すように，極座

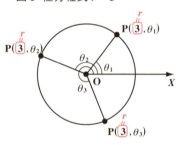

標上の動点を $P(r, \theta)$ とおくと，動点 P は極 O を中心とする半径 3 の円
を描くんだね。つまり，

  xy 座標平面上の円　　　　極座標平面上の円
    $x^2+y^2=9$　　⟷　　$r=3$ （極方程式）

となるんだね。面白かった？

それでは次に入るよ。極方程式 $\theta = \dfrac{\pi}{3}$ ……㋐

の表す図形がどのようなものか分かる？ ……，

そうだね，今回は偏角 $\theta = \dfrac{\pi}{3}$ と言ってるだけで，

r については何も言ってないので r は，$r = \cdots$，

r_1, r_2, r_3, …と自由に値を取り得る。

図6 極方程式 $\theta = \dfrac{\pi}{3}$

図6では，r_1 は $\ominus$ だ。

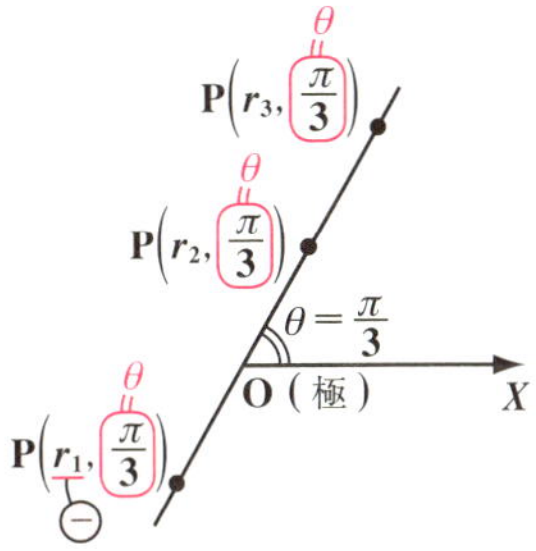

よって，これは図6に示すような極 O を通る傾き

$\tan \dfrac{\pi}{3} = \sqrt{3}$ の直線になるんだね。

それでは，極方程式 $\theta = \dfrac{\pi}{3}$ ……㋐ を，xy 座標平面上での方程式に書き

換えてみようか？ そのためには㋐の両辺の $\tan$ をとるとうまくいく。

よって，

$$\tan \theta = \boxed{\tan \dfrac{\pi}{3}} \quad \cdots\cdots ㋐'$$

ここで，㋐′ に変換公式 $\tan \theta = \dfrac{y}{x}$ $(x \neq 0)$ を代入すると，

$$\dfrac{y}{x} = \sqrt{3} \quad (x \neq 0)$$

∴ $y = \sqrt{3}x$ と，原点 O を通る傾き $\sqrt{3}$ の直線の式が導けるんだね。

これは，$x = 0$ のときも成り立つ。

これも，下にまとめて示しておこう。

xy 座標平面上の直線　　　極座標平面上の直線

$$y = \sqrt{3}x \quad \longleftrightarrow \quad \theta = \dfrac{\pi}{3} \text{（極方程式）}$$

103

それでは，次の練習問題で，xy座標系で書かれた曲線や直線の方程式を極方程式に書き換えてみよう。

練習問題 29　xとyの方程式→極方程式　CHECK1　CHECK2　CHECK3

次の方程式を極方程式で表せ。
(1) $x^2+y^2=1$　　　　　　(2) $y=-x+2$

xとyの方程式から，極方程式に書き換えるための変換公式は，$x=r\cos\theta$，$y=r\sin\theta$，$r^2=x^2+y^2$，$\tan\theta=\dfrac{y}{x}$ だね。これらの公式の内，必要なものを適宜利用して変換していけばいいんだよ。頑張ろう！

(1) $x^2+y^2=1$ ……① を極方程式で表す。

$\quad x^2+y^2=r^2$ ……② より，②を①に代入して，

$\quad\quad r^2=1$

ここで，$r>0$ とすると，$r=\sqrt{1}=1$

∴求める極方程式は $r=1$ となる。

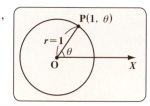

ここでは，$r>0$ として $r=1$ を導いたけれど，$r=-1$ でも同じく単位円を描くね。なぜそうなるか，自分で考えてみるといいよ。

(2) $y=-x+2$ ……③ を極方程式で表す。

$\begin{cases} x=r\cos\theta \\ y=r\sin\theta \end{cases}$ ……④　より，④を③に代入して，

$r\sin\theta=-r\cos\theta+2$

これでも r と θ の関係式なので，極方程式と言えるんだけど，もっとシンプルな形にまとめよう！

$r(\sin\theta+\cos\theta)=2$

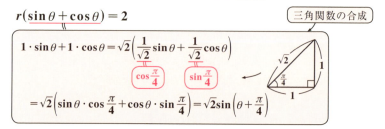

104

$r \cdot \sqrt{2} \sin\left(\theta + \dfrac{\pi}{4}\right) = 2$　　両辺を $\sqrt{2}$ で割って，求める極方程式は，

$r \sin\left(\theta + \dfrac{\pi}{4}\right) = \sqrt{2}$　となる。

それじゃ今度は，極方程式で表された曲線を xy 平面上の方程式で表す練習もしておこう。極方程式では，どんな曲線か分からなかったのも見慣れた x と y の方程式に書き換えることにより，明らかになるんだね。

練習問題 30　極方程式→x と y の方程式　　CHECK 1　CHECK 2　CHECK 3

次の極方程式を，x と y の方程式で表せ。

(1) $r = 2\sin\theta$　　　　　　(2) $r = \dfrac{1}{1 + \cos\theta}$　（ただし，$\cos\theta \neq -1$）

(3) $r = \dfrac{3}{2 + \cos\theta}$

極方程式を x と y の方程式に変換する場合にも，公式 $x = r\cos\theta$，$y = r\sin\theta$，$r^2 = x^2 + y^2$，$\tan\theta = \dfrac{y}{x}$ を適宜利用しよう。(1) は両辺に r をかけると，また (2) は両辺に $1 + \cos\theta$ をかけると，そして，(3) は両辺に $2 + \cos\theta$ をかけると話が見えてくるはずだ。最後の問題だ！　もっと頑張ろう!!

(1) $r = 2\sin\theta$ ……①　を x と y の方程式で表す。

> この両辺に r をかけると，左辺 $= r^2 = x^2 + y^2$，右辺 $= 2r\sin\theta = 2y$ となって，うまくいくんだね。気付いた？

①の両辺に r をかけると，$r^2 = 2r\sin\theta$ ……①'

ここで，変換公式

$\begin{cases} r^2 = x^2 + y^2 \\ r\sin\theta = y \end{cases}$ を ①' に代入すると，

$x^2 + y^2 = 2y$　　$x^2 + y^2 - 2y = 0$

$x^2 + (y^2 - 2y + 1) = 1$　より

求める x と y の方程式は，$x^2 + (y-1)^2 = 1$ となる。

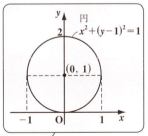

(2) $r = \dfrac{1}{1+\cos\theta}$ ……②　$(\cos\theta \neq -1)$ を，x と y の方程式で表す。

②の両辺に $1+\cos\theta$ をかけて

$$r(1+\cos\theta) = 1 \qquad r + r\cos\theta = 1$$

〔これを 2 乗して，$r^2 = x^2+y^2$ を使う！〕

$$r = 1 - r\cos\theta \qquad \text{この両辺を 2 乗して}$$

$$r^2 = (1 - r\cos\theta)^2 \text{ ……②}'$$

ここで，変換公式

$\begin{cases} r\cos\theta = x \\ r^2 = x^2 + y^2 \end{cases}$ を②$'$ に代入すると，

$$x^2 + y^2 = (1-x)^2 \qquad x^2 + y^2 = 1 - 2x + x^2$$

$$2x = -y^2 + 1$$

$\therefore$ 放物線 $x = -\dfrac{1}{2}y^2 + \dfrac{1}{2}$ となる。

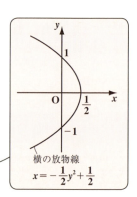

横の放物線
$x = -\dfrac{1}{2}y^2 + \dfrac{1}{2}$

(3) $r = \dfrac{3}{2+\cos\theta}$ ……③　を，x と y の方程式で表す。

③の両辺に $2+\cos\theta$ をかけて

$$r(2+\cos\theta) = 3 \qquad 2r + r\cos\theta = 3$$

〔これを 2 乗して，$r^2 = x^2+y^2$ を使う！〕

$$2r = 3 - r\cos\theta \qquad \text{この両辺を 2 乗して}$$

$$4r^2 = (3 - r\cos\theta)^2 \text{ ……③}'$$

ここで，変換公式

$\begin{cases} r\cos\theta = x \\ r^2 = x^2 + y^2 \end{cases}$ を③$'$ に代入すると，

$$4(x^2 + y^2) = (3-x)^2$$

$4x^2+4y^2=9-6x+x^2$ より，$3x^2+6x+4y^2=9$

$3(\underbrace{x^2+2x+1}_{\text{2で割って2乗}})+4y^2=\underline{\underline{9+3}}$

（左辺に 3 をたした分，右辺にもたす。）

$3(x+1)^2+4y^2=12$

両辺を 12 で割ると，

$\dfrac{(x+1)^2}{4}+\dfrac{y^2}{3}=1$ となる。

これは，だ円：$\dfrac{x^2}{2^2}+\dfrac{y^2}{(\sqrt{3})^2}=1$ を
$(-1, 0)$ だけ平行移動したものだ！

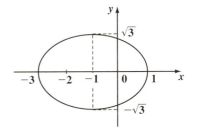

 どう？ これで，極方程式にも慣れただろう？ これで "**式と曲線**" について 4 回に渡って解説してきた講義もすべて終了だよ。かなり内容があったと思うからよ〜く復習して，シッカリマスターしておくといいよ。

 次回からは，新たなテーマ "**関数**" について解説する。また，楽しく，分かりやすく，ていねいに解説していくから，すべて理解できるはずだ。楽しみにしてくれ。

 それじゃみんな，次回まで元気でな。また会おう。さようなら……。

第2章 ● 式と曲線　公式エッセンス

1. 放物線の公式

（ⅰ）$x^2 = 4py$ $(p \neq 0)$ の場合，（ア）焦点 $F(0, p)$　（イ）準線：$y = -p$

　　（ウ）$QF = QH$（Q：曲線上の点，QH：Q と準線との距離）

（ⅱ）$y^2 = 4px$ $(p \neq 0)$ の場合，（ア）焦点 $F(p, 0)$　（イ）準線：$x = -p$

　　（ウ）$QF = QH$（Q：曲線上の点，QH：Q と準線との距離）

2. だ円：$\dfrac{x^2}{a^2} + \dfrac{y^2}{b^2} = 1$ の公式

（ⅰ）$a > b$ の場合，（ア）焦点 $F_1(c, 0)$，$F_2(-c, 0)$　$(c = \sqrt{a^2 - b^2})$

　　（イ）$PF_1 + PF_2 = 2a$　（P：曲線上の点）

（ⅱ）$b > a$ の場合，（ア）焦点 $F_1(0, c)$，$F_2(0, -c)$　$(c = \sqrt{b^2 - a^2})$

　　（イ）$PF_1 + PF_2 = 2b$　（P：曲線上の点）

3. 双曲線の公式

（ⅰ）$\dfrac{x^2}{a^2} - \dfrac{y^2}{b^2} = 1$ の場合，（ア）焦点 $F_1(c, 0)$，$F_2(-c, 0)$　$(c = \sqrt{a^2 + b^2})$

　　（イ）漸近線：$y = \pm \dfrac{b}{a} x$　（ウ）$|PF_1 - PF_2| = 2a$　（P：曲線上の点）

（ⅱ）$\dfrac{x^2}{a^2} - \dfrac{y^2}{b^2} = -1$ の場合，（ア）焦点 $F_1(0, c)$，$F_2(0, -c)$　$(c = \sqrt{a^2 + b^2})$

　　（イ）漸近線：$y = \pm \dfrac{b}{a} x$　（ウ）$|PF_1 - PF_2| = 2b$　（P：曲線上の点）

4. 円の媒介変数表示

円：$x^2 + y^2 = r^2$（r：半径）を媒介変数 θ を使って表すと，

$$\begin{cases} x = r\cos\theta \\ y = r\sin\theta \end{cases} \quad (r：正の定数)\ となる。$$

5. だ円の媒介変数表示

だ円 $\dfrac{x^2}{a^2} + \dfrac{y^2}{b^2} = 1$ $(a > 0,\ b > 0)$ を媒介変数 θ を使って表すと

$$\begin{cases} x = a\cos\theta \\ y = b\sin\theta \end{cases} \quad (a,\ b：正の定数)\ となる。$$

6. xy 座標と極座標の変換公式

（1）$\begin{cases} x = r\cos\theta \\ y = r\sin\theta \end{cases}$　　（2）$\begin{cases} r^2 = x^2 + y^2 \\ \tan\theta = \dfrac{y}{x} \quad (x \neq 0) \end{cases}$

第 3 章 関数

▶ 分数関数と無理関数の基本

▶ 逆関数，合成関数

8th day 分数関数・無理関数

みんな，元気？ おはよう！ さわやかな朝で気持ちがいいね！ サァ，気分も新たに，今日から "関数" の講義に入ろう。

これまで，学習した関数として，**2次関数**や**3次関数**やそれに三角関数，

$$y=ax^2+bx+c \qquad y=ax^3+bx^2+cx+d \qquad y=\sin x \text{ など}$$

そして，指数関数や対数関数があったけれど，今回は新たに "**分数関数**" と

$$y=a^x \qquad y=\log_a x$$

"**無理関数**" について教えよう。さらに，"**偶関数・奇関数**" についても解説するつもりだ。

エッ，今回も内容が多すぎるって？ 大丈夫，また1つ1つていねいに教えていくから，すべて理解できるはずだ。

サァ，それでは早速講義を始めるよ！

● まず，分数関数から始めよう！

"**分数関数**" の基本形とは，$y=\dfrac{k}{x}$ ……① (k：ある定数) の形をした関数

のことなんだ。変数 x が分母にあるから，当然 $x \neq 0$ だよ。ここではまず，

$$\boxed{0 \text{ で割ることはできないからね。}}$$

$k=1$ のときの関数を $y=f(x)=\dfrac{1}{x}$ とおいて，$x=-2$，-1，$-\dfrac{1}{2}$，$\dfrac{1}{2}$，1，

2 と具体的に x に値を代入して，その y 座標を調べてみよう。

$$y=f(-2)=\frac{1}{-2}=-\frac{1}{2}\,,\quad y=f(-1)=\frac{1}{-1}=-1$$

$$y=f\left(-\frac{1}{2}\right)=\frac{1}{-\frac{1}{2}}=-2\,,\quad y=f\left(\frac{1}{2}\right)=\frac{1}{\frac{1}{2}}=2$$

110

$y = f(1) = \dfrac{1}{1} = 1$, $y = f(2) = \dfrac{1}{2}$ となるので，

関数 $y = f(x) = \dfrac{1}{x}$ $(x \neq 0)$ のグラフは，点 $\left(-2, -\dfrac{1}{2}\right)$, $(-1, -1)$, $\left(-\dfrac{1}{2}, -2\right)$, $\left(\dfrac{1}{2}, 2\right)$, $(1, 1)$, $\left(2, \dfrac{1}{2}\right)$ を通ることが分かる。$x = 0$ で切れてはいるけど，これらの点を滑らかな曲線で結ぶことにより，図 1 に示すような，分数関数 $y = f(x) = \dfrac{1}{x}$ $(x \neq 0)$ のグラフが描けるのはいい？ 納得いった？

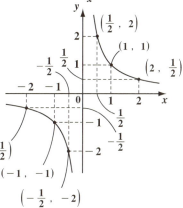

図 1　$y = f(x) = \dfrac{1}{x}$ のグラフの概形

それでは次，①の $k = -1$ のときの分数関数を，$y = g(x) = \dfrac{-1}{x}$ とおいて，同様に，$x = -2, -1, -\dfrac{1}{2}, \dfrac{1}{2}, 1, 2$ のときの y 座標を求めると，

$y = g(-2) = \dfrac{-1}{-2} = \dfrac{1}{2}$

$y = g(-1) = \dfrac{-1}{-1} = 1$

$y = g\left(-\dfrac{1}{2}\right) = \dfrac{-1}{-\dfrac{1}{2}} = 2$

$y = g\left(\dfrac{1}{2}\right) = \dfrac{-1}{\dfrac{1}{2}} = -2$

$y = g(1) = \dfrac{-1}{1} = -1$

$y = g(2) = \dfrac{-1}{2} = -\dfrac{1}{2}$

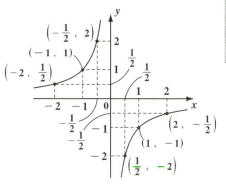

図 2　$y = g(x) = -\dfrac{1}{x}$ のグラフの概形

となるので，関数 $y = g(x) = -\dfrac{1}{x}$ $(x \neq 0)$ のグラフは，

点 $\left(-2, \frac{1}{2}\right), (-1, 1), \left(-\frac{1}{2}, 2\right), \left(\frac{1}{2}, -2\right), (1, -1), \left(2, -\frac{1}{2}\right)$ を通ることが分かるね。よって，図1と同様に，これらの点を滑らかな曲線で結ぶと，図2に示すような，$y = g(x) = -\frac{1}{x}$ $(x \neq 0)$ のグラフが描けるんだ。

一般に，分数関数の基本形 $y = \frac{k}{x}$ $(x \neq 0 \ , \ k：定数)$ は，定数 k の値の正・負により，次のような2種類の曲線に大きく分類されることを覚えておこう！

分数関数の基本形

分数関数 $y = \frac{k}{x}$ $(x \neq 0, \ k：0$ でない定数$)$ のグラフ

(ⅰ) $k > 0$ のとき   (ⅱ) $k < 0$ のとき

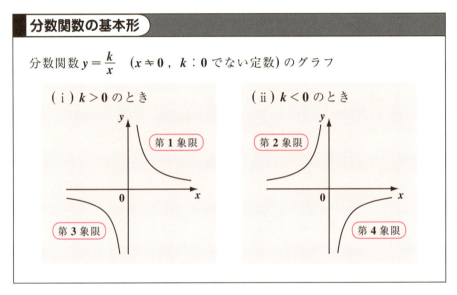

つまり，$y = \frac{k}{x}$ のグラフは，

$\begin{cases} (ⅰ) \ k > 0 \ のときは，第1象限と第3象限の曲線になり， \\ (ⅱ) \ k < 0 \ のときは，第2象限と第4象限の曲線になるんだね。\end{cases}$

それでは，この分数関数の基本形を平行移動させた標準形についても解説しておこう。

一般に，関数 $y = f(x)$ を，$\underline{x}$ 軸方向に p ，y 軸方向に q だけ平行移動させ

（これを "(p, q) だけ平行移動" と表現してもいい。）

た関数を求めたかったら，$y = f(x)$ の x の代わりに $x - p$ を，y の代わり

に $y-q$ を代入して，$y-q=f(x-p)$ とすればよかったんだね。つまり，

$$\underline{\underline{y=f(x)}} \xrightarrow[\text{平行移動}]{(p,q) \text{だけ}} \underline{\underline{y-q=f(x-p)}}$$

$$\begin{cases} x \to \underline{\underline{x-p}} \\ y \to \underline{\underline{y-q}} \end{cases}$$

となる。

だから，分数関数の基本形 $y=\dfrac{k}{x}$ が与えられたとき，これを (p,q) だけ平行移動した関数は，

$$y-q=\dfrac{k}{x-p}$$

（x の代わりに $x-p$ y の代わりに $y-q$ を代入したもの）

よって，

$$y=\dfrac{k}{x-p}+q \quad (x \neq p) \text{ となる。}$$

これを分数関数の標準形と呼ぶんだ。p, q の値を変化させることにより，分数関数を自由に平行移動できるんだね。その様子を，図3に示しておくよ。

図3 分数関数の標準形 $y=\dfrac{k}{x-p}+q$ のグラフ（$k>0$ のときのグラフ）

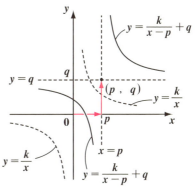

それでは，分数関数について次の練習問題を解いてごらん。

練習問題 31 　**分数関数**　CHECK1　CHECK2　CHECK3

次の空欄を埋めよ。

分数関数 $y=\dfrac{3x+1}{x+1}$ は，分数関数 $y=\dfrac{\boxed{\text{ア}}}{x}$ を x 軸方向に $\boxed{\text{イ}}$，y 軸方向に $\boxed{\text{ウ}}$ だけ平行移動したものである。

$y = \dfrac{3x+1}{x+1}$ を変形して，分数関数の標準形 $y = \dfrac{k}{x-p} + q$ にすれば，$y = \dfrac{k}{x}$

を (p , q) だけ平行移動したものであることが分かるはずだ。

$$y = \frac{3x+1}{x+1} = \frac{3(x+1)+1-3}{x+1}$$

> 分子の $3x+1$ は，
> 分母の $x+1$ でまだ割れる！

$$= \frac{3(x+1)}{x+1} + \frac{-2}{x+1}$$

$$\therefore y = \frac{-2}{x+1} + 3 \quad \text{となるので，}$$

> $y = \dfrac{\overset{k}{\overbrace{-2}}}{\underset{p}{\underbrace{x-(-1)}}} + \overset{q}{\underbrace{3}}$

これは，$y = \dfrac{-2}{x}$ を x 軸方向に -1，

y 軸方向に 3 だけ平行移動したものである。 ·················(答)(ア，イ，ウ)

● **無理関数についてもマスターしよう！**

　"無理関数" についても，まず，その基本形から始めよう。無理関数というから，無理数と関係あるのかって？ いい勘してるね。その通りだ。無理関数というのは文字通り，$\sqrt{}$ のついた関数のことで，その基本形は，$y = \sqrt{ax}$ (a：0 以外の定数) で表される。この関数も，a が (i) 正のときと (ii) 負のときで，そのグラフの概形が大きく異なる。これについても (i) $a > 0$ のときの例として，$a = 1$ のときと，(ii) $a < 0$ のときの例として，$a = -1$ のときの 2 つの関数のグラフの概形を具体的に求めてみよう。

　まず，$a = 1$ のときの無理関数 $\underset{①}{y = \sqrt{ax}}$ を，$y = f(x) = \sqrt{x}$ ($x \geqq 0$) とおいて，このグラフを描いてみるよ。$\sqrt{}$ 内の x は，当然 $x \geqq 0$ を満たさないといけないので，$x = 0$，1，4 のときの y 座標を求めてみると，$y = f(0) = \sqrt{0} = 0$，$y = f(1) = \sqrt{1} = 1$，$y = f(4) = \sqrt{4} = 2$ となる。よって，

114

$y=f(x)=\sqrt{x}\ (x\geqq 0)$ のグラフは，点 $(0, 0), (1, 1), (4, 2)$ を通ることが分かるね。これらの点を滑らかな曲線で結んだものが，$y=f(x)=\sqrt{x}$ $(x\geqq 0)$ のグラフで，それを図4に示す。ン？ 放物線の半分を横にしたように見えるって？ いい勘だね。確か

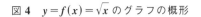

図4　$y=f(x)=\sqrt{x}$ のグラフの概形

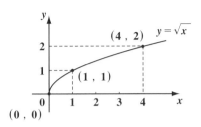

にこの関数は，2次関数 $y=x^2$ のグラフと関係がある。これについては"逆関数"のところ (P131) で詳しく話そう。

　じゃ，次，$a=-1$ のときの無理関数 $y=\sqrt{\underset{\|}{ax}}$ を，$y=g(x)=\sqrt{-x}\ (x\leqq 0)$
$\boxed{-1}$

とおいて，そのグラフも描いてみよう。この場合 $\sqrt{\ }$ 内は $-x$ なので，$-x\geqq 0$ から $x\leqq 0$ の条件が当然つくんだね。よって，$x=0, -1, -4$ の
$\boxed{両辺に-1をかけた！}$

ときの y 座標をまず求めてみると，
$y=g(0)=\sqrt{-1\times 0}=\sqrt{0}=0$
$y=g(-1)=\sqrt{-1\times (-1)}=\sqrt{1}=1$
$y=g(-4)=\sqrt{-1\times (-4)}=\sqrt{4}=2$
となるので，$y=g(x)=\sqrt{-x}\ (x\leqq 0)$ のグラフは，点 $(0, 0), (-1, 1), (-4, 2)$ を通る，図5のような曲線になることが分かると思う。

図5　$y=g(x)=\sqrt{-x}$ のグラフの概形

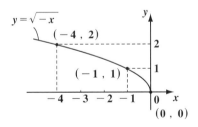

　エッ，$y=\sqrt{x}$ のグラフと，$y=\sqrt{-x}$ のグラフは，y 軸に関して対称な形になるって？ その通りだね。これは，関数のグラフの対称移動ということになるんだけれど，ちょうどいい機会だから，この対称移動の公式もまとめて書いておこう。これらの対称移動の公式と，平行移動の公式を組み合わせれば，さらに自由に関数のグラフを動かすことができるようになるんだよ。

関数の対称移動

一般に関数 $y=f(x)$ を

（ⅰ）y 軸に関して対称移動したかったら，x の代わりに $-x$ を代入して，$y=f(-x)$ とすればいい。

（ⅱ）x 軸に関して対称移動したかったら，y の代わりに $-y$ を代入して，$-y=f(x)$ とすればいい。

　　　両辺に -1 をかけて $y=-f(x)$ としてもいい。

（ⅲ）原点に関して対称移動したかったら，x の代わりに $-x$ を，y の代わりに $-y$ を代入して，$-y=f(-x)$ とすればいい。

　　　両辺に -1 をかけて $y=-f(-x)$ としてもいい。

原点 O に関する対称移動とは，元の $y=f(x)$ を原点 O のまわりに，クルリと $180°$ 回転することだよ。

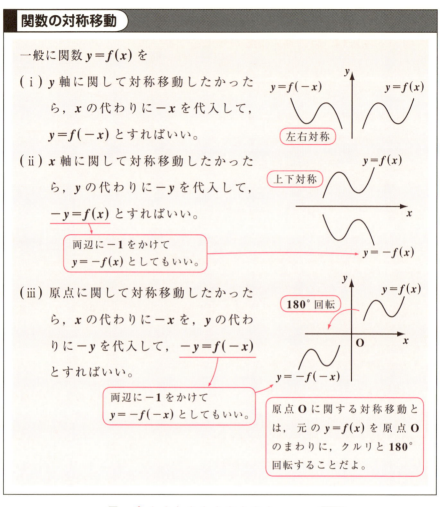

これから，$y=\sqrt{x}$ の x に $-x$ を代入したものが $y=\sqrt{-x}$ だったから，関数 $y=f(x)=\sqrt{x}\ (x\geqq 0)$ と関数 $y=g(x)=\sqrt{-x}\ (x\leqq 0)$ のグラフは y 軸に関して対称なグラフになったんだね。納得いった？

それでは，話を，無理関数の基本形 $y=\sqrt{ax}$ に戻しておくよ。この関数のグラフは，定数 a の値の正・負によって，次のような 2 通りに分類できるんだ。

無理関数の基本形

無理関数 $y=\sqrt{ax}$ （$a：0$ でない定数）のグラフ

（ⅰ）$a>0$ のとき   （ⅱ）$a<0$ のとき

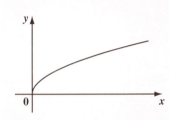   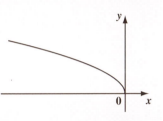

それでは，無理関数についても，練習問題で練習しておこう。

練習問題 32　　無理関数　　CHECK1　CHECK2　CHECK3

無理関数 $y=-\sqrt{2x-4}+1$ のグラフの概形を描け。

エッ，どこから手をつけていいか分からないって？ この問題の場合，まず与式を $y=-\sqrt{2(x-2)}+1$ として，基本形 $y=\sqrt{2x}$ に対称移動や平行移動の操作を順に行っていけばいいんだよ。

$y=f(x)=\sqrt{\underset{a}{2}x}\ (x\geqq 0)$ とおくと，

$f(0)=0$，$f(2)=\sqrt{4}=2$ より

$y=f(x)=\sqrt{2x}$ のグラフは，図アのようになる。

図ア

ここで，次のように考えるといいんだよ。

（ⅰ）$y=\sqrt{2x}\ \xrightarrow[\text{対称移動}]{x\text{軸に関して}}$（ⅱ）$-y=\sqrt{2x}\ \xrightarrow[\text{平行移動}]{(2,\,1)\text{だけ}}$（ⅲ）$y-1=-\sqrt{2(x-2)}$

$y\to -y$　　　$\therefore y=-\sqrt{2x}\ \begin{cases}x\to x-2\\ y\to y-1\end{cases}$　　$\therefore y=-\sqrt{2x-4}+1$

まず，(i) $y=\sqrt{2x}$ を x 軸に関して対称移動すると，$-y=\sqrt{2x}$，すなわち
(ii) $y=-\sqrt{2x}$ となる。
その様子を図イに示す。

次に，(ii) $y=-\sqrt{2x}$ を $(\underline{\underline{2}}, \underset{\sim}{1})$ だけ平行移動したものが，$y-\underset{\sim}{1}=-\sqrt{2(x-\underline{\underline{2}})}$ すなわち，(iii) $y=-\sqrt{2x-4}+1$ となるので，求めるこの関数のグラフを図ウに示す。

どう？ これまで勉強した知識をステップ・バイ・ステップに使っていけば，グラフは楽に求まることが分かった？

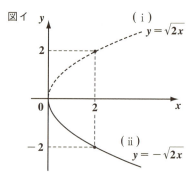

図ウ　$y=-\sqrt{2x-4}+1$ のグラフ

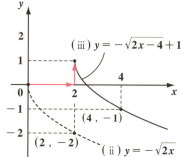

● **偶関数・奇関数の知識も重要だ！**

それでは次，"偶関数"と"奇関数"についても解説しよう。この知識があるとグラフを描く上で非常に楽になるからね。

じゃ，まず，偶関数と奇関数の定義と，それらの関数のグラフ上の特徴を示しておこう。

偶関数と奇関数

関数 $y=f(x)$ が

(i) $f(-x)=f(x)$ をみたすとき，$y=f(x)$ を偶関数と呼び，
そのグラフは，y 軸に関して対称なグラフになる。

(ii) $f(-x)=-f(x)$ をみたすとき，$y=f(x)$ を奇関数と呼び，
そのグラフは，原点に関して対称なグラフになる。

すべての関数が偶関数か奇関数になるわけではないけれど，$y=f(x)$ が，
(ⅰ) $f(-x)=f(x)$ をみたせば，これが偶関数の定義で，そのときは y 軸に対称なグラフになる。また，
(ⅱ) $f(-x)=-f(x)$ となれば，これが奇関数の定義で，そのときは原点に対称なグラフになるんだよ。

まず，(ⅰ)の偶関数の例を 2 つ示しておこう。

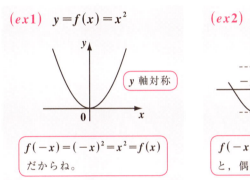

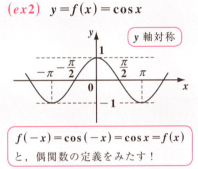

次に，(ⅱ)の奇関数の例も示しておくよ。

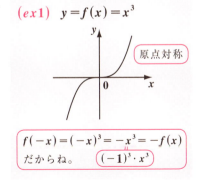

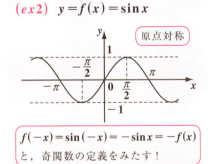

エッ，分数関数の基本形 $y=f(x)=\dfrac{k}{x}$ も原点に関して点対称なグラフの形をしているから，奇関数じゃないかって？ いいセンスだ！

$f(x) = \dfrac{k}{x}$ について，

$f(-x) = \dfrac{k}{-x} = -\dfrac{k}{x} = -f(x)$ と奇関数の定義をみたすから，$f(x) = \dfrac{k}{x}$ は奇関数で，原点に関して対称なグラフになるんだね。

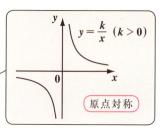

ン？ それじゃ，無理関数 $y = \sqrt{ax}$ は，偶関数か，奇関数になるのかって？ たとえば，$a = 1$ のとき，$y = \sqrt{x}$ は $x \geqq 0$ の条件が付くので，$-x \, (\leqq 0)$ を $\sqrt{}$ 内に入れること自体がムリだね。グラフの形から見ても，これは

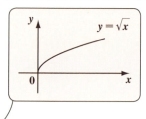

y 軸に対称や，原点に対称な形をしていないだろう。だから，無理関数 $y = \sqrt{ax}$ は，偶関数でも，奇関数でもないんだよ。

前に勉強した，対称移動では，$\overset{\cdot\cdot}{2}$つの関数の対称性を考えたんだけど，今回の偶関数，奇関数の問題は，$\overset{\cdot}{1}$つの関数の対称性を問題としているんだよ。キッチリ区別しような。

では次の練習問題で，偶関数か奇関数を見分ける練習をしておこう。

練習問題 33 　偶関数・奇関数 　CHECK 1 　CHECK 2 　CHECK 3

次の関数が，偶関数か奇関数か，または，そのいずれでもないかを調べよ。

(1) $y = x^4 + 3x^2 + 1$ 　　(2) $y = 4x^3 - 2x$

(3) $y = x^4 - 4x$ 　　(4) $y = \dfrac{1}{x^2 + 1}$

(5) $y = \sin 2x$ 　　(6) $y = \tan x$

各関数を，たとえば $f(x)$ とおいて，(i) $f(-x) = f(x)$ をみたせば偶関数だし，(ii) $f(-x) = -f(x)$ をみたせば奇関数といえる。この (i)，(ii) のいずれでもなければ，偶関数でも奇関数でもないんだね。頑張ろう！

(1) $y = f(x) = x^4 + 3x^2 + 1$ とおき，x に $-x$ を代入すると，

$$f(-x) = \underline{(-x)^4} + \underline{3(-x)^2} + 1 = x^4 + 3x^2 + 1 = f(x) \quad \text{となる。}$$

$\boxed{x^4}$ $\boxed{x^2}$ ← $\boxed{(-x)^2 = (-x) \times (-x) = x^2 \quad \text{となるね。}}$

よって，$f(-x) = f(x)$ をみたすので，

$f(x) = x^4 + 3x^2 + 1$ は，偶関数である。 ← $\boxed{y \text{ 軸に関して対称な} \\ \text{グラフになる。}}$

(2) $y = g(x) = 4x^3 - 2x$ とおき，x に $-x$ を代入すると，

$$g(-x) = 4\underline{(-x)^3} - 2 \cdot (-x) = 4 \cdot (-x^3) - 2 \cdot (-x)$$

$\boxed{-x^3}$ ← $\boxed{(-x)^3 = (-x) \cdot (-x) \cdot (-x) = -x^3 \quad \text{となるね。}}$

$$= -4x^3 + 2x = -\underline{(4x^3 - 2x)} = -g(x) \quad \text{となるね。}$$

$\boxed{g(x)}$

よって，$g(-x) = -g(x)$ をみたすので，

$g(x) = 4x^3 - 2x$ は，奇関数である。 ← $\boxed{\text{原点に関して対称} \\ \text{なグラフになる。}}$

(3) $y = h(x) = x^4 - 4x$ とおき，x に $-x$ を代入すると，

$$h(-x) = \underline{(-x)^4} - 4 \cdot (-x) = x^4 + 4x \quad \text{となる。}$$

$\boxed{x^4}$ ← $\boxed{(-x)^4 = (-x) \cdot (-x) \cdot (-x) \cdot (-x) = x^4 \quad \text{となるね。}}$

よって，$h(-x)$ は $h(x) = x^4 - 4x$ でもなく，$-h(x) = -x^4 + 4x$ でも

ない。よって，$h(x) = x^4 - 4x$ は，偶関数でも奇関数でもない。

一般に，定数項 $C = C \cdot x^0$ や，x^2, x^4, x^6, $\cdots$ は，x に $-x$ を代入しても変化しないので，偶関数になる。これに対して，

x, x^3, x^5, x^7, $\cdots$ は x に $-x$ を代入すると，符号が変わるので，奇関数になるんだね。

よって，**(1)** の $f(x) = x^{\boxed{4}} + 3 \cdot x^{\boxed{2}} + 1 \cdot x^{\boxed{0}}$ は，偶関数であり，

（偶）（偶）（偶）

(2) の $g(x) = 4 \cdot x^{\boxed{3}} - 2 \cdot x^{\boxed{1}}$ は，奇関数であり，

（奇）（奇）

(3) の $h(x) = x^{\boxed{4}} - 4 \cdot x^{\boxed{1}}$ は，偶関数でも奇関数でもないんだね。

（偶）（奇）

(4) $f(x) = \dfrac{1}{x^2+1}$ とおき，x に $-x$ を代入すると，

$f(-x) = \dfrac{1}{\underline{(-x)^2}+1} = \dfrac{1}{x^2+1} = f(x)$ となる。

（$(-x)^2 = x^2$）

よって，$f(x) = \dfrac{1}{x^2+1}$ は偶関数である。

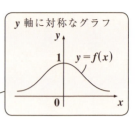
y 軸に対称なグラフ

(5) $g(x) = \sin 2x$ とおき，x に $-x$ を代入すると，

$g(-x) = \sin\{2\cdot(-x)\} = \underline{\sin(-2x) = -\sin 2x} = -g(x)$

（$\sin(-\theta) = -\sin\theta$ だからね。）

よって，$g(x) = \sin 2x$ は，奇関数である。

原点に関して対称なグラフになる。

(6) $h(x) = \tan x$ とおき，x に $-x$ を代入すると，

$h(-x) = \underline{\tan(-x) = -\tan x} = -h(x)$ となる。

（$\tan(-\theta) = -\tan\theta$ だからね。）

よって，$h(x) = \tan x$ は，奇関数である。

原点に関して対称なグラフになる。

どう？偶関数や奇関数の見分け方は大丈夫になった？では，もう少し練習しておこう。

練習問題 34　　**偶関数・奇関数**　　CHECK 1　CHECK 2　CHECK 3

次の関数が，偶関数か奇関数かを調べよ。
(1) $y = x^2 \cdot \cos x$　　(2) $y = x^2 \cdot \sin x$　　(3) $y = x \cdot \tan x$

---

x^2 と $\cos x$ は偶関数であり，x と $\sin x$ と $\tan x$ は奇関数であることは，みんな大丈夫だね。では，これらの積の組合せがどうなるか調べてごらん。今日，最後の問題だ！頑張ろう!!

(1) $f(x) = \underline{x^2} \cdot \underline{\cos x}$ とおくと，

（偶関数）（偶関数）

$f(-x) = \underline{(-x)^2} \cdot \underline{\cos(-x)} = x^2 \cdot \cos x = f(x)$ となる。

（x^2）（$\cos x$）

よって，$f(x) = x^2 \cdot \cos x$ は，偶関数である。

（これから，偶×偶＝偶となることが分かったんだね。）

(2) $g(x) = x^2 \cdot \sin x$ とおくと，

　　　偶関数　　奇関数

$g(-x) = (-x)^2 \cdot \sin(-x) = x^2 \cdot (-\sin x) = -x^2 \sin x = -g(x)$ となる。

　　　　　　　x^2　　$(-\sin x)$

よって，$g(x) = x^2 \cdot \sin x$ は，奇関数である。

これから，偶×奇＝奇 となることが分かったんだね。

(3) $h(x) = x \cdot \tan x$ とおくと，

　　　奇関数　　奇関数

$h(-x) = -x \cdot \tan(-x) = -x \cdot (-\tan x) = x\tan x = h(x)$ となる。

　　　　　　　　$(-\tan x)$

よって，$h(x) = x \cdot \tan x$ は，偶関数である。

これから，奇×奇＝偶 となることも分かったんだね。

以上 (1)(2)(3) より，偶×偶＝偶，偶×奇＝奇，奇×奇＝偶 となることが分かった。ここで，もちろん 偶 は偶関数のことで，奇 は奇関数のことだよ。納得いった？

　以上で，今日の講義も終了です。ボク自身は，分数関数や無理関数は，数学 **III** ではなく，もっと早く，たとえば数学 **I** の時点で教えてもいい内容だと思っている。でも，いずれにせよ，大事な基本関数だから，ここでシッカリ押さえておこう。

　また，偶関数や奇関数も **「初めから始める数学 III Part2」** で解説する **"微分・積分"** で重要な役割を演じるから，これもヨ～ク復習しておくことだね。

　それでは，みんな，次回の講義でまた会おう。それまで，元気でな。さようなら…。

9th day　逆関数・合成関数

みんな，今日も元気そうで何よりだ！ おはよう！ サァ，これから "関数" の 2 回目の講義に入るけれど，実は関数はこれが最終章なんだね。エッ，あっけないって!? でも，この後の本格的な勉強をする上で重要なテーマが目白押しなので，今日の講義もシッカリ聞いてくれ。

今日はまず，前回学んだ "分数関数" や "無理関数" と直線との関係について勉強しよう。また，1 対 1 に対応する関数と "逆関数" の関係についても教えよう。さらに，2 つの関数の "合成関数" まで解説するつもりだ。

それじゃ，みんな準備はいい？ では，早速講義を始めよう！

● 分数関数と直線の関係を調べよう！

それでは，まず，次の練習問題で分数関数と直線との共有点の座標を求める問題を解いてみよう。

練習問題 35　分数関数と直線の交点　CHECK**1**　CHECK**2**　CHECK**3**

分数関数 $y = \dfrac{x}{x-2}$ …① と，直線 $y = 2x-3$ …② との交点の座標を求めよ。

---

①，②から y を消去して，x の 2 次方程式を作り，これを解けば，交点の x 座標が求まるんだね。結果については，グラフで確認するといいよ。

分数関数 $y = \dfrac{x}{x-2}$ …①と直線 $y = 2x-3$ …②より y を消去して，変形すると，

$$\frac{x}{x-2} = 2x-3 \qquad x = (2x-3)(x-2)$$

$$x = 2x^2 - 7x + 6 \qquad 2x^2 - 8x + 6 = 0$$

両辺を 2 で割って，$x^2 - 4x + 3 = 0$

$\therefore (x-1)(x-3) = 0 \quad \therefore x = 1, \ 3$ ← これが，①と②の交点の x 座標

124

$\begin{cases} \cdot x=1 \text{のとき, ②より, } y=2\cdot 1-3=-1 \\ \cdot x=3 \text{のとき, ②より, } y=2\cdot 3-3=3 \end{cases}$

以上より, 分数関数①と直線②の交点の座標は $(1, -1), (3, 3)$ である。これを, グラフでも確認しておこう。①を標準形に変形すると,

$y = \dfrac{x}{x-2} = \dfrac{(x-2)+2}{x-2} = 1 + \dfrac{2}{x-2}$

$y = \dfrac{2}{x-2} + 1$

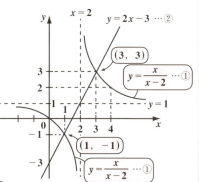

これは, $y=\dfrac{2}{x}$ を $(2, 1)$ だけ平行移動したもの

よって, ①と②のグラフを描くと, ナルホド $(1, -1)$ と $(3, 3)$ で交わることが確認できるんだね。面白かった？

ここで, 2本の直線や曲線について, 交点や接点や共有点という言葉が出てくるけれど, 共有点とは, 交点と接点を併せて言うときの総称であることを覚えておこう。それでは次の練習問題で, 分数関数と直線の共有点の個数を調べてみよう。

練習問題 36　分数関数と直線の共有点　CHECK 1　CHECK 2　CHECK 3

分数関数 $y = \dfrac{-1}{x+1}$ …① と直線 $y = x + k$ …② との共有点の個数を, 実数 k の値の範囲により分類せよ。

まず, ①, ②より y を消去して, x の 2 次方程式を作る。そして, この判別式 D を求め, (ⅰ) $D > 0$ のとき, 異なる 2 交点, (ⅱ) $D = 0$ のとき 1 つの接点, (ⅲ) $D < 0$ のとき, 共有点が存在しないことになる。これも, グラフを実際に描いてみると, その意味が明確になるはずだ。これは, 練習問題 22(P77) や 23(P78) の類題でもあるんだよ。

分数関数 $y = \dfrac{-1}{x+1}$ …① と，直線 $y = x + k$ …② （k：実数定数）
より，y を消去してまとめると，

$\dfrac{-1}{x+1} = x + k$　両辺に $x+1$ をかけて，

$-1 = (x+k)(x+1)$　　$-1 = x^2 + (k+1)x + k$

$x^2 + (k+1)x + k + 1 = 0$
この判別式を D とおくと，

$D = (k+1)^2 - 4 \cdot 1 \cdot (k+1)$

　$= (k+1)^2 - 4(k+1)$

　$= (k+1)(k+1-4) = (k+1)(k-3)$　となる。よって，

> x の 2 次方程式
> $a=1$, $b=k+1$, $c=k+1$ より
> 判別式 $D = b^2 - 4ac$
> 　　　　$= (k+1)^2 - 4(k+1)$
> となる。

$(k+1)$ をくくり出した

（ⅰ）$D = (k+1)(k-3) > 0$，すなわち $(k+1)(k-3) > 0$ より
　　$k < -1$ または $3 < k$ のとき，①と②は，異なる 2 点で交わる。

（ⅱ）$D = (k+1)(k-3) = 0$，すなわち $(k+1)(k-3) = 0$ より
　　$k = -1$ または 3 のとき，①と②は，1 点で接する。

（ⅲ）$D = (k+1)(k-3) < 0$，すなわち $(k+1)(k-3) < 0$ より
　　$-1 < k < 3$ のとき，①と②は，共有点をもたない。

これだけでは，ピンとこな
いかも知れないけれど，
$y = \dfrac{-1}{x+1}$ …① と
$y = x + k$ …②のグラフ
を描けば，この意味も
よく分かると思う。

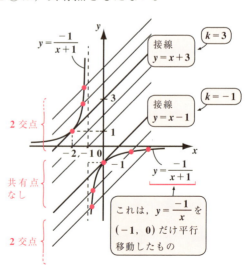

以上（ⅰ）（ⅱ）（ⅲ）より，①の分数関数と②の直線の共有点の個数は，
（ⅰ）$k<-1$ または $3<k$ のとき，2個
（ⅱ）$k=-1$ または 3 のとき，　　1個
（ⅲ）$-1<k<3$ のとき，　　　　　 0個
となるんだね。納得いった？

では次，無理関数と直線の関係も，次の練習問題で練習してみよう。

練習問題 37　無理関数と直線の共有点　CHECK 1　CHECK 2　CHECK 3

無理関数 $y=\sqrt{2x}$ …① と直線 $y=x+k$ …② との共有点の個数を，実数 k の値の範囲により分類せよ。

無理関数と直線の位置関係については，初めからグラフのイメージをもって問題を解いた方がうまくいくんだよ。

$y=\sqrt{2x}$ …① と
$y=x+k$ …② の
グラフから，②が
①の接線となると
きの k の値を k_1 と
おくと，①と②の
共有点の個数は，
・$k_1<k$ のとき 0個
・$k<0$，$k=k_1$
　のとき 1個
・$0 \leqq k<k_1$ のとき
　2個，となることが分かるはずだ。

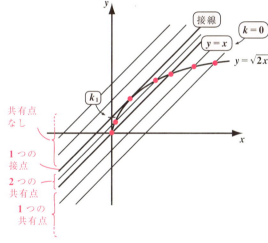

だから，①と②が接するときの k の値 (k_1) が分かればいいんだね。
①，②より y を消去して，
$\sqrt{2x}=x+k$　この両辺を2乗して，

$$2x = (x+k)^2 \qquad 2x = x^2 + 2kx + k^2$$

$$\underset{a}{1 \cdot x^2} + \underset{2b'}{2(k-1)x} + \underset{c}{k^2} = 0$$

> x の 2 次方程式にもち込めた。
> 後は，この判別式 $D = 0$ のとき
> の k の値が，求める接するとき
> の k_1 になる。

この x の 2 次方程式の判別式を D とおくと，

$$\frac{D}{4} = (k-1)^2 - 1 \cdot k^2 = k^2 - 2k + 1 - k^2 = -2k + 1 \quad \text{となる。}$$

よって，$\dfrac{D}{4} = 0$ のとき，$-2k + 1 = 0$ より，$k = \dfrac{1}{2}$ となる。

> これが k_1 だ。

このとき，直線 $y = x + k$ …② は，無理関数 $y = \sqrt{2x}$ …① の接線となるんだね。よって，前のグラフから明らかに，① と ② の共有点の個数は，次のようになるんだね。

$$\begin{cases} (\mathrm{i}) \ \dfrac{1}{2} < k \ \text{のとき，} \mathbf{0} \ \text{個} \\[2mm] (\mathrm{ii}) \ k < 0, \ \text{または} \ k = \dfrac{1}{2} \ \text{のとき，} \mathbf{1} \ \text{個} \\[2mm] (\mathrm{iii}) \ 0 \leqq k < \dfrac{1}{2} \ \text{のとき，} \mathbf{2} \ \text{個} \end{cases}$$

では次，無理関数の入った不等式にもチャレンジしてみよう。

| 練習問題 **38** | 無理関数と不等式 | CHECK 1 | CHECK 2 | CHECK 3 |

(1) 無理関数 $y = \sqrt{x+1}$ …① と直線 $y = x - 1$ …② との交点の x 座標を求めよ。

(2) 不等式 $\sqrt{x+1} \geqq x - 1$ …③ の解を求めよ。

---

(1) $y = \sqrt{x+1}$ の定義域が，$x \geqq -1$ で，値域が $y \geqq 0$ であることに気を付けて

> x 座標の取り得る値の範囲

> y 座標の取り得る値の範囲のこと

解こう。**(2)** の不等式は，**(1)** の結果とグラフを利用すれば，簡単に解けるはずだ。頑張ろうな！

128

(1) $y = \sqrt{x+1}$ …① $(x \geqq -1, y \geqq 0)$ と

　　　　　　　　　　　定義域　　値域

$y = x - 1$ …② より y を消去して，

$\sqrt{x+1} = x - 1$ …④　④の両辺を 2 乗して，

$x + 1 = (x-1)^2$ 　 $x + \cancel{1} = x^2 - 2x + \cancel{1}$ 　 $x^2 - 3x = 0$ 　 $x(x-3) = 0$

よって，$x = 0, 3$ が導けた。

しかし，$x = 0$ は解ではない。

> 実際に，$x = 0$ を④に代入すると，$\sqrt{1} = -1$
> つまり，$1 = -1$ となって不適となるからだ。
>
> これでも，両辺を 2 乗すれば $1 = 1$ となって成り立つ。
>
> これは，④の両辺を 2 乗することによって，
> 本来，解ではないものが現れたんだね。
> グラフでは，点線で示した曲線 $y = -\sqrt{x+1}$
> と $y = x - 1$ とのまぼろしの交点の x 座標にな
> るんだね。

以上より，①と②の交点の x 座標は，$x = 3$ である。

(2) 不等式 $\sqrt{x+1} \geqq x - 1$ …③

の左右両辺を，それぞれ

$\begin{cases} y = \sqrt{x+1} \quad \text{……①} \\ y = x - 1 \quad \text{………②} \end{cases}$

とおくと，①より，$x \geqq -1$ の条
件が予め存在する。

ここで，①の y 座標が②の y 座標
以上となる x の値の範囲が③の解
より，右のグラフから明らかに
$-1 \leqq x \leqq 3$ となる。

どう？ グラフから簡単に解けただろう。ン？グラフを使わないで，③
の不等式をキチンと解く方法はないのかって？もちろん，あるよ。少
し複雑になるけれどね。…，やっぱり数式で解く方法も知りたいのか？
…ウ～ン，了解！別解として，解説しよう。

$\sqrt{x+1} \geqq x-1$ …③ より，この両辺をいきなり2乗して，$x+1 \geqq (x-1)^2$ なんて，やっちゃダメだよ。
理由は，両辺が共に0以上の条件，つまり，$a \geqq b (\geqq 0)$ であるならば右図から明らかに両辺を2乗しても $a^2 \geqq b^2$ となって，大小関係は変わらない。

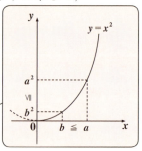

でも，たとえば，$2 \geqq -3$ の場合，この両辺を2乗したら $\underset{④}{2^2} \leqq \underset{⑨}{(-3)^2}$ となって，大小関係が逆転する場合もあるわけだから，③の両辺をいきなり，2乗するようなムチャをしてはいけない。

慎重に解いていこう。

$\underset{\boxed{0以上}}{\sqrt{x+1}} \geqq x-1$ ……③

・まず，$\sqrt{}$ 内は0以上より，$x+1 \geqq 0$ ∴ $x \geqq -1$ となる。

・次に $\sqrt{x+1} \geqq 0$ より，もし，$x-1 < 0$ ならば，③を必ずみたす。
　よって，$\underline{x < 1}$ 以上より
　$-1 \leqq x < 1$ …㋐ は③をみたす。

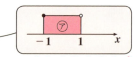

・では次に，$x-1 \geqq 0$，つまり $\underline{x \geqq 1}$ のとき，③の両辺は共に0以上なので，③の両辺を2乗しても，大小関係は変化しない。
　よって，③の両辺を2乗して，
　$x+1 \geqq (x-1)^2$　$\cancel{x}+1 \geqq x^2-2x+\cancel{1}$
　$x^2-3x \leqq 0$　　$x(x-3) \leqq 0$
　∴ $\underline{0 \leqq x \leqq 3}$ となる。これと，
$\underline{1 \leqq x}$ の条件より，$1 \leqq x \leqq 3$ …㋑

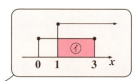

以上，㋐と㋑を併せたものが求める③の解になる。
∴ $-1 \leqq x \leqq 3$ となるんだね。
グラフを使わないと結構メンドウになるけれど，数学力を鍛えるにはいい練習になると思う。面白かった？

● 1対1対応と逆関数って何だろう!?

それでは, 次のテーマ, "1対1対応" と "逆関数" の解説に入ろう。
関数 $y=f(x)$ が, 図1(ⅰ), (ⅱ)に示すように,
(ⅰ) 1つの y の値 (y_1) に対して, 常にただ1つの x の値 (x_1) が対応するとき, 1対1対応の関数というんだよ。

図1
(ⅰ) 1対1対応の関数

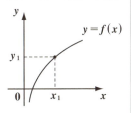

これに対して,
(ⅱ) 1つの y の値 (y_1) に対して, 複数の x の値 (x_1 と x_2) が対応するとき, 1対1対応でない関数と呼ぶ。

ここまでは大丈夫?

(ⅱ) 1対1対応でない関数

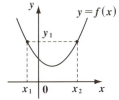

たとえば, 今回勉強した分数関数 $y=\dfrac{k}{x}$ と, 無理関数 $y=\sqrt{ax}$ は, 1つの y の値 (y_1) に対して, 常にただ1つの x の値 (x_1) が対応するので, いずれも1対1対応の関数と言えるんだね。

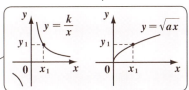

これに対して $y=\cos x$ は, 1つの y の値 (y_1) に対して, $\cdots$, x_1, x_2, x_3, x_4, $\cdots$ と無数の x の値が対応するので, これは当然, 1対1対応の関数でないね。$y=\sin x$ や $y=\tan x$ も同様に1対1対応の関数じゃない。大丈夫だね。

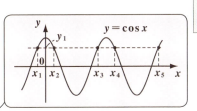

それでは, これから "逆関数" について解説しよう。ここで, $y=f(x)$ という1対1対応の関数が与えられたとき, その逆関数は, $f^{-1}(x)$ と表し, 次のようにして求めることが出来る。 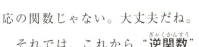 "エフ・インバース・エックス" と読む。

逆関数の公式

$y = f(x)$ が，1 対 1 対応の関数のとき

$y = f(x)$ ←―逆関数―→ $x = f(y)$ ◀── (i) x と y を入れ替える。

$y = f^{-1}(x)$ ◀── (ii) これを $y = (x\ \text{の式})$ の形に書き変える。

これが，$y = f(x)$ の逆関数だ！

そして，元の関数 $y = f(x)$ と，その逆関数 $y = f^{-1}(x)$ は，xy 座標平面上で直線 $y = x$ に関して，線対称なグラフになることも覚えておいてくれ。これから具体例で詳しく解説していくことにしよう。

逆関数を求めるには，まず元の関数 $y = f(x)$ が 1 対 1 対応の関数でないといけないんだね。ここで，$y = x^2$ という関数は，1 つの y の値に対して，2 つの x の値が対応する場合があるので，これは 1 対 1 対応の関数ではない。でも，これに，$x \geqq 0$ という定義域を与えて，$y = f(x) = x^2\ (x \geqq 0)$ とすると，これは図 2 (i) に示すように，1 対 1 対応の関数となるのが分かるね。よって，この逆関数 $y = f^{-1}(x)$ を手順通りに求めてみよう。

図 2
(i) $y = f(x) = x^2\ (x \geqq 0)$

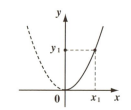

(i) まず，1 対 1 対応の関数

$y = f(x) = x^2\ (x \geqq 0)$

の x と y を入れ替えて， ◀── これも，x を y に入れ替える！

$x = y^2$ ……⑦ ($\underline{y \geqq 0}$) となる。

(ii) 次に，$x = y^2$ ……⑦ ($y \geqq 0$) を

$y = (\underline{\underline{x\ \text{の式}}})$ の形に整える。

これが，逆関数 $f^{-1}(x)$

これが，$f^{-1}(x)$

⑦より，$y = \sqrt{x}$ （∵ $y \geqq 0$） ◀── $y = \pm\sqrt{x}$ としない。$y \geqq 0$ だからね。

(ii) $y = f^{-1}(x) = \sqrt{x}$

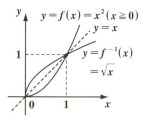

よって，$y=f(x)=x^2 \ (x \geq 0)$ の逆関数 $f^{-1}(x)$ は，
$y=f^{-1}(x)=\sqrt{x}$ となるんだね。簡単だっただろう。

そして，図2(ii)に示すように，$y=f(x)=x^2 \ (x \geq 0)$ と，その逆関数 $y=f^{-1}(x)=\sqrt{x}$ は，直線 $y=x$ に関して，線対称なグラフになっていることが分かると思う。つまり，無理関数 $y=\sqrt{x}$ は，2次関数 $y=x^2$ の $x \geq 0$ の部分を横に寝かせた形になっていたんだね。納得いった？

では，次の練習問題で，$y=2^x$ の逆関数を求めてごらん。

| 練習問題 39 | 逆関数 | CHECK 1 | CHECK 2 | CHECK 3 |

指数関数 $y=2^x$ の逆関数を求め，グラフを示せ。

まず，$y=f(x)=2^x$ が1対1対応の関数であることを確認して，x と y を入れ替え，$y=f^{-1}(x)$ の形に変形すればいいんだね。頑張ろう！

$y=f(x)=2^x$ ……① $(y>0)$ とおくと，
指数関数 $y=f(x)=2^x$ は，右のグラフに示すように，単調増加関数なので，1つの y の値に対して，ただ1つの x の値が対応する。つまり，$y=f(x)$ は1対1対応の関数である。

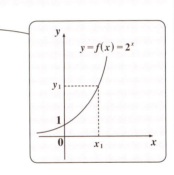

(i) よって，①の x と y を入れ替えて，
$\quad x=2^y$ ……② $\underline{(x>0)}$

(これが，逆関数 $y=f^{-1}(x)$ の定義域になる。)

(ii) 次に，②を $y=(x \text{の式})$ の形に変形すると，
$\quad y=\log_2 x \quad (x>0)$ となる。 ← $c=a^b \Leftrightarrow b=\log_a c$ (対数の定義)

よって，$y=f(x)=2^x$ の
逆関数 $f^{-1}(x)$ は，
$y=f^{-1}(x)=\log_2 x$ となるんだね。
ここで，$y=f(x)=2^x$ と，
$y=f^{-1}(x)=\log_2 x$ のグラフを右に示す。

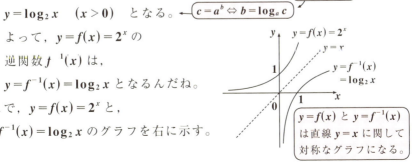

($y=f(x)$ と $y=f^{-1}(x)$ は直線 $y=x$ に関して対称なグラフになる。)

● 合成関数もマスターしよう！

最後に，"**合成関数**"についても解説しよう。次のように，2つの関数があるものとする。

$$\begin{cases} t = f(x) & \cdots\cdots① \\ y = g(t) & \cdots\cdots② \end{cases}$$

ここで，①を②に代入すると，$y = g(\underset{t}{\underline{f(x)}})$となるね。これが，合成関数なんだ。ン？よく分からないって!? 具体的に解説しよう。たとえば

$$\begin{cases} t = f(x) = x^2 & \cdots\cdots\cdots\cdots① ' \\ y = g(t) = 2t + 1 & \cdots\cdots② ' \end{cases}$$ の2つの関数が与えられているとする。

このとき，たとえば，$x = 2$ ならば，①′より $t = f(2) = 2^2 = 4$ となって，$t = 4$ となるね。次に，この $t = 4$ を②′に代入すると，$y = g(4) = 2 \times 4 + 1 = 9$ となって，$y = 9$ が決まるんだね。この様子は，x の値が分かると t の値が決まり，t の値が与えられると y の値が決まるので，下の模式図のようになるんだね。

$$\underset{\boxed{東京}}{\underline{x}} \xrightarrow{\;\;f\;\;} \underset{\boxed{SF}}{\underline{t}} \xrightarrow{\;\;g\;\;} \underset{\boxed{NY}}{\underline{y}}$$

これは，x を東京，t を SF(サンフランシスコ)，y を NY(ニューヨーク)と考えると，"東京発，SF 経由，NY 行き"ということになる。つまり，

$$\begin{cases} (\text{ⅰ}) f \text{という飛行機で，まず，東京から } SF \text{ に行き，} \\ (\text{ⅱ}) \text{次に，} g \text{ という飛行機に乗って，} NY \text{ に行く} \end{cases}$$

ということなんだね。

そして，この SF を経由せずに，下の模式図のように，x(東京)から，$y(NY)$ まで，直行便で行くことが，合成関数 $y = g(f(x))$ というわけなんだ。

$$x(東京) \xrightarrow{\;\;f\;\;} t(SF) \xrightarrow{\;\;g\;\;} y(NY)$$
$$\underbrace{\qquad\qquad\qquad\qquad}_{直行便 \; y = g(f(x))}$$

134

この合成関数 $y=g(f(x))$ は，$y=g \circ f(x)$ と書くこともある。

後　先

ここで，注意点を1つ。合成関数 $g \circ f(x)$ は，x にまず f が先に作用して，その後で g が作用するということなんだ。したがって，$f \circ g(x)$ は，x に g が先に作用して，その後に f が作用することになるので，$g \circ f(x)$ と $f \circ g(x)$ はまったく異なる合成関数になるんだよ。

先程の例で確認しておこう。

(ⅰ) $t=f(x)=x^2$ ……①′，$y=g(t)=2t+1$ ……②′ のとき，
$g \circ f(x) = g(f(x)) = g(x^2) = 2x^2+1$ となる。
（x^2）（②′の t に x^2 を代入した）

(ⅱ) $t=g(x)=2x+1$ ……①″，$y=f(t)=t^2$ ……②″ のとき，
$f \circ g(x) = f(g(x)) = f(2x+1) = (2x+1)^2$ となる。
（$2x+1$）（②″の t に $2x+1$ を代入した）

どう？ 2つの合成関数 $g \circ f(x) = g(f(x))$ と，$f \circ g(x) = f(g(x))$ がまったく異なるものになることが，理解できただろう？ 納得いった？

以上を，まとめて下に示そう。

合成関数の公式

2つの関数 $y=f(x)$ と $y=g(x)$ について，次の異なる合成関数が定義できる。

（経由地の t は一般には現れない）

(ⅰ) $g \circ f(x) = g(f(x))$

(ⅱ) $f \circ g(x) = f(g(x))$

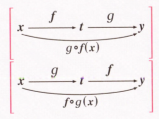

ン？合成関数についても，具体的に練習したいって!? 当然だね。次の練習問題を解いてみるといいよ。

練習問題 40　　合成関数　　CHECK 1　CHECK 2　CHECK 3

(1) $f(x)=\cos x$, $g(x)=2x^2-1$ とする。このとき，合成関数
　　$g\circ f(x)$ と $f\circ g(x)$ を求めよ。

(2) $f(x)=2^x$, $g(x)=-2x^2$ とする。このとき，合成関数
　　$g\circ f(x)$ と $f\circ g(x)$ を求めよ。

$g\circ f(x)=g(f(x))$ は，$g(t)$ と考えて，t に $f(x)$ を代入したものだし，
$f\circ g(x)=f(g(x))$ は，$f(t)$ と考えて，t に $g(x)$ を代入したものなんだね。
キチンと区別ができるように頑張ろう！

(1) $f(x)=\cos x$, $g(x)=2x^2-1$ より

（ⅰ）合成関数 $g\circ f(x)=g(\underline{f(x)})$ は，

$\boxed{\cos x}$

> $g(x)=2x^2-1$ の x に $\cos x$ を代入したもの

　　$g\circ f(x)=g(\cos x)=2(\cos x)^2-1=2\cos^2 x-1$　となる。

　　もちろん，これは三角関数の 2 倍角の公式：$\cos 2x=2\cos^2 x-1$
　　を用いて，

　　$g\circ f(x)=\cos 2x$　と表してもいいよ。

（ⅱ）合成関数 $f\circ g(x)=f(\underline{g(x)})$ は，

$\boxed{2x^2-1}$

> $f(x)=\cos x$ の x に $2x^2-1$ を代入したもの

　　$f\circ g(x)=f(2x^2-1)=\cos(2x^2-1)$　となるんだね。

(2) $f(x)=2^x$, $g(x)=-2x^2$ より

（ⅰ）合成関数 $g\circ f(x)=g(\underline{f(x)})$ は，

$\boxed{2^x}$

> $g(x)=-2x^2$ の x に 2^x を代入したもの

　　$g\circ f(x)=g(2^x)=-2\cdot(2^x)^2=-2\cdot 2^{2x}=-2^{2x+1}$　となる。

（ⅱ）合成関数 $f \circ g(x) = f(g(x))$ は，$f(x) = 2^x$ の x に $-2x^2$ を代入したもの

$f \circ g(x) = f(-2x^2) = 2^{-2x^2}$ となるんだね。大丈夫だった？

以上で，"**関数**"の講義も終了です。この章は 2 回のみの講義だったけれど，分数関数や無理関数だけでなく，偶関数や奇関数，1 対 1 対応の関数の逆関数や 2 つの関数の合成関数など…，関数に関する重要テーマを沢山学んだんだね。そして，これらの考え方は，**「初めから始める数学 III Part2」**の"**微分・積分**"のところで，重要な役割を演じるものばかりだから，今のうちにシッカリ反復練習して，自分のものにしておいてくれ。

それでは，次回から，"**数列の極限**"の講義に入ろう。これもまた，受験では頻出テーマの 1 つなので，またていねいに分かりやすく解説するつもりだ。楽しみにしてくれ！

それでは，次回の講義まで，みんな元気でね。また会おうな！サヨウナラ…。

137

第3章 ● 関数　公式エッセンス

1. 分数関数

（ⅰ）基本形：$y = \dfrac{k}{x}$

（ⅱ）標準形：$y = \dfrac{k}{x-p} + q$ ◄── 基本形 $y = \dfrac{k}{x}$ を (p, q) だけ平行移動したもの

2. 無理関数

（ⅰ）基本形：$y = \sqrt{ax}$

（ⅱ）標準形：$y = \sqrt{a(x-p)} + q$ ◄── 基本形 $y = \sqrt{ax}$ を (p, q) だけ平行移動したもの

3. 関数の対称移動

（ⅰ）$y = f(-x)$ ：$y = f(x)$ を y 軸に関して対称移動したもの

（ⅱ）$y = -f(x)$ ：$y = f(x)$ を x 軸に関して対称移動したもの

（ⅲ）$y = -f(-x)$：$y = f(x)$ を原点に関して対称移動したもの

4. 偶関数と奇関数

（ⅰ）偶関数 $f(x)$：$f(-x) = f(x)$ をみたす（y 軸に対称なグラフ）

（ⅱ）奇関数 $f(x)$：$f(-x) = -f(x)$ をみたす（原点に対称なグラフ）

5. 分数関数や無理関数と直線の関係

y を消去して，x の方程式にもち込む。

6. 1対1対応の関数の逆関数

$y = f(x)$ が，1対1対応の関数であるとき，x と y を入れ替えて，

$x = f(y)$ とし，これを $y = (x \text{ の式})$ の形に書き換えたものが，

$y = f(x)$ の逆関数 $y = f^{-1}(x)$ である。

7. 合成関数

$y = f(x)$ と $y = g(x)$ について，次の2通りの合成関数が定義できる。

$\begin{cases} （ⅰ）合成関数：g \circ f(x) = g(f(x)) \\ （ⅱ）合成関数：f \circ g(x) = f(g(x)) \end{cases}$

138

第 4 章 数列の極限

― テーマ ―

▶ 数列の極限の基本

▶ Σ 計算と極限, 無限級数

▶ 数列の漸化式と極限

10th day　数列の極限の基本

みんな，おはよう！今日は，さわやかな天気で気持ちがいいね。サァ，これから「初めから始める数学 III Part1」の最後のテーマ "**数列の極限**" の講義に入ろう。"**数列**" については，数学 B で既に解説しているけれど，この "**数列の極限**" を理解する上で，数列の知識は欠かせない。だから数列の復習も織り交ぜながら，教えるつもりだ。

で，"**数列の極限**" の "**極限**" って，何？と思っているだろうね。この極限の考え方は，初めて学ぶ人にはなかなか分かりづらいものなんだ。ン？引きそうって!? でも，大丈夫だよ。キミ達が極限を理解できるように，また様々な例を使っていねいに解説していくからね。気を楽に聞いてくれ。

今日は，数列の極限について初日の講義なので，"**∞−∞の不定形**" や "**$\frac{∞}{∞}$ の不定形**"，および "**r^nの極限**" の計算法など，数列の極限の基本について，シッカリ教えるつもりだ。

みんな準備はいい？では，早速講義を始めよう！

● まず，数列の基本から始めよう！

"**数列**" については「**初めから始める数学 B**」で詳しく解説したね。

エッ，忘れちゃってるかも知れないって？ いいよ，この講義では初めから教えるつもりだから，まず数列の復習から入ることにしよう。

ここでは，ある規則に従って並んだ数の列のことを，"**数列**" と呼ぶことにする。一般に数列は次に示すように，横 1 列に並べて表示し，これをまとめて数列 $\{a_n\}$ と表すことも覚えておこう。

$$a_1,\quad a_2,\quad a_3,\quad a_4,\quad a_5,\quad \cdots\cdots$$

初項（第 1 項）　第 2 項　第 3 項　第 4 項　第 5 項…などと呼ぶ

そして，これをもっともっとズラ〜ッと並べていったとき，その果ての果ての数列の値がどうなっているのかを調べるのが，"**数列の極限**" の問題

140

なんだ。面白そうだって？　うん。でも，その前に数列の復習をやってお
かないとね。

　数列の中で最も基本となるものが"**等差数列**"と"**等比数列**"なんだ。
まず，等差数列の例を下に示そう。

(ex1)　a_1,　a_2,　a_3,　a_4,　a_5,　…

　　　　　5,　9,　13,　17,　21,　…
　　　　　　（+4）（+4）（+4）（+4）

これは，初項 $a_1=5$ から始まって，次々と同じ値の **4** がたされることに
より，数列が出来てるね。この形の数列のことを"**等差数列**"といい，た
される同じ値のことを"**公差**"と呼び，一般にはこれをアルファベットの

　　　　　　　これは，⊖ の数でもかまわない

d で表す。だから **(ex1)** の数列は，初項 $a_1=5$，公差 $d=4$ の等差数列だっ
たんだね。

　ここで，$n=1, 2, 3,$ …のとき，初項 $a_1=a$，公差 **d** の等差数列の **n** 番目
の項 a_n を求める公式を下に示そう。この a_n のことを"**一般項**"と呼ぶこ
とも覚えておこう。

■ 等差数列 $\{a_n\}$ の一般項

初項 **a**，公差 **d** の等差数列 $\{a_n\}$ の一般項

a_n は，

$a_n=a+(n-1)d$　$(n=1, 2, 3, …)$ となる。

$a_1=a\ (=a+0d)$
$a_2=a+1d$
$a_3=a+2d$
$a_4=a+3d$
………………
$a_n=a+(n-1)d$ となる。

　　　　1つ小さい

これから **(ex1)** の数列は，初項 $a=5$，公差 $d=4$ の等差数列より，その一
般項 a_n は，

　　$a_n=5+(n-1)\cdot 4$　∴ $a_n=4n+1$　$(n=1, 2, 3, …)$ となるんだね。

一般項が求まると，**n** に任意の自然数を代入して，何番目の項でも求められる。
たとえば（ⅰ）$n=3$ のとき，$a_3=4\times 3+1=13$ となるし，
（ⅱ）$n=100$ のとき，$a_{100}=4\times 100+1=401$ となる。

141

それでは次，等比数列の復習もやっておこう。

これも，まずその例を下に示すよ。

$(ex2)$ a_1, a_2, a_3, a_4, a_5, $\cdots$

3 , 6 , 12, 24, 48,
×2 ×2 ×2 ×2

　これは初項 $a_1 = 3$ で，その後，次々と同じ値の 2 がかけられることにより数列が出来ている。このような数列を"**等比数列**"といい，かけられる同じ値のことを"**公比**"と呼び，一般にはこれを r で表す。だから $(ex2)$ の数列は，初項 $a_1 = 3$，公比 $r = 2$ の等比数列ということなんだね。

　そして，この等比数列 $\{a_n\}$ の一般項についても，次の公式がある。

等比数列 $\{a_n\}$ の一般項

初項 a，公比 r の等比数列 $\{a_n\}$ の一般項

a_n は，

$a_n = a \cdot r^{n-1}$ $(n = 1, 2, 3, \cdots)$ となる。

> 数列 $\{a_n\}$ の初項は，a_1, a のいずれで表してもいいよ。

$a_1 = a$ $(= ar^0)$
$a_2 = ar$ $(= ar^1)$
$a_3 = ar^2$
$a_4 = ar^3$
$\cdots\cdots\cdots$
$a_n = ar^{n-1}$ となる。

1つ小さい

これから，$(ex2)$ の数列は，初項 $a = 3$，公比 $r = 2$ の等比数列だから，その一般項 a_n は，

$a_n = a \cdot r^{n-1} = 3 \cdot 2^{n-1}$ $(n = 1, 2, 3, \cdots)$ となるんだね。

> これから，たとえば（ⅰ）$n = 3$ のとき，$a_3 = 3 \times 2^{3-1} = 3 \times 2^2 = 3 \times 4 = 12$ と求まるし，（ⅱ）$n = 10$ のときだって，$a_{10} = 3 \times 2^{10-1} = 3 \times 2^9 = 3 \times 512 = 1536$ と求まるんだね。

どう？　これで，数列のことも思い出せてきただろう。

それでは，いよいよ"**数列の極限**"の基本について話していこう。

142

● 数列の極限は $\lim_{n \to \infty}(n\text{ の式})$ の形だ！

数列 $a_1,\ a_2,\ a_3,\ a_4,\ \cdots,\ a_{100},\ \cdots,\ a_{5000},\ \cdots,\ a_{1000000},\ \cdots$ のように並べていったとき，その最果ての数列の値を調べるのが，数列の極限の問題で，それを，数学では $\lim_{n \to \infty} a_n$ と表すんだ。

この $\lim$ は，英語の "$limit$ (極限)" の略で，"リミット" と読む。だから，$\lim_{n \to \infty} a_n$ のことは「リミット，n 矢印 ∞ の a_n」とでも読めばいい。そして，この意味は「a_n の n を限りなく大きくしていったとき，数列 $\{a_n\}$ の極限を調べなさい。」という意味なんだ。

エッ，n を ∞ (無限大) に大きくしたら，当然，数列 $\{a_n\}$ も ∞ (無限大) になってしまうだろうって？ 答えは，そういう場合もあるけど，そうでない場合ももちろんある。

たとえば **(ex1)** の等差数列 $\{a_n\}$ の一般項 a_n は $a_n = 4n + 1$ だったね。この $n \to \infty$ の極限を調べてみると，

$$\lim_{n \to \infty} a_n = \lim_{n \to \infty}(4n + 1) = \underline{4 \times \infty + 1 = \infty} \quad \text{と，ナルホド君の言う通り} \infty \text{に}$$

なるね。 （無限に大きくなる数を，**4** 倍して **1** をたしても無限大 (∞) に変わりはない。）

でもたとえば，数列 $\{b_n\}$ が $b_n = \dfrac{1}{n}$ $(n = 1, 2, 3, \cdots)$ のとき，この数列

> この数列は初項から順に並べると，$\dfrac{1}{1}$，$\dfrac{1}{2}$，$\dfrac{1}{3}$，$\dfrac{1}{4}$，$\cdots$ となる数列で，もちろん等差数列でも，等比数列でもないよ。

の $n \to \infty$ の極限はどうなる？ $\cdots\cdots$, そう，

$$\lim_{n \to \infty} b_n = \lim_{n \to \infty} \frac{1}{n} = \frac{1}{\infty} = 0 \quad \text{となるでしょう。}$$

数列の極限 4

143

このように，$n \to \infty$ のときの数列の極限は ∞ になる場合もあれば，**0** という値に限りなく近づく場合もあるんだよ。

0 以外に，**1** や -2 など，なんでもかまわないけれど数列の極限がある値 α に限りなく近づくとき "**収束する**" といい，その収束する値 α のことを "**極限値**" という。これに対して $\underline{\infty}$ や $-\infty$，または 値が振動し続けて，あ

> $+\infty$ のこと。一般に $\oplus$ は略す。

る値に収束しない場合，その極限を "**発散する**" ということも覚えておこう。

さらに，極限がある値に収束する場合と，$+\infty$ か $-\infty$ に発散する場合は，"**極限がある**" という。これに対して，値が振動し続けて定まらない場合は，"**極限がない**" というんだね。

エッ，混乱してきたって？いいよ。以上をまとめて下に示しておこう。

■ 数列の極限

（Ⅰ）収束　$\displaystyle\lim_{n \to \infty} a_n = \alpha$ …… 極限値は α

（Ⅱ）発散 $\begin{cases} \displaystyle\lim_{n \to \infty} a_n = \infty \ \cdots\cdots \ \text{正の無限大に発散} \\ \displaystyle\lim_{n \to \infty} a_n = -\infty \ \cdots \ \text{負の無限大に発散} \\ \displaystyle\lim_{n \to \infty} a_n \ \text{の値が振動して定まらない} \end{cases}$ $\left.\begin{array}{}\\ \\ \end{array}\right\}$ 極限がある　$\}$ 極限はない

ここで，もう **1** 度 $b_n = \dfrac{1}{n}$ の $n \to \infty$ の極限について話を戻そう。

$$\lim_{n \to \infty} \frac{1}{n} = 0 \ \cdots\cdots ①$$

> $\dfrac{1}{n}$ が **0** に近づいていく動きを表す式

> $\dfrac{1}{n}$ が限りなく近づいていく先の値を表す。

①式の左辺は $n \to \infty$ により，n は具体的には…，**100**, **1000**, **10000**, …と限りなく大きくなっていったとき $\dfrac{1}{n}$ は，……，$\underbrace{\dfrac{1}{100}}_{(0.01)}, \underbrace{\dfrac{1}{1000}}_{(0.001)}, \underbrace{\dfrac{1}{10000}}_{(0.0001)}$ …

と限りなく **0** に近づいていく動きを表しているんだね。

144

これに対して，①の右辺は左辺の式により，限りなく近づいていく先の値を示しているんだね。極限の式とその極限値の関係は常にこのようになっているんだね。だから①の式をもっと具体的に書くと，

$$\underline{0.000\cdots001} = 0 \quad \text{となるんだよ。納得いった？}$$

> これは，この値で止まっているのではなく，0に近づき続ける動きを表しているんだよ。

それでは，次の練習問題で，実際の極限の問題を解いてみよう。

練習問題 41	数列の極限の基本	CHECK *1*	CHECK *2*	CHECK *3*

次の極限を調べよ。

(1) $\displaystyle\lim_{n \to \infty} 2n$　　　　(2) $\displaystyle\lim_{n \to \infty}\left(-\dfrac{n}{3}\right)$　　　　(3) $\displaystyle\lim_{n \to \infty} 4n^3$

(4) $\displaystyle\lim_{n \to \infty}\dfrac{2}{n}$　　　　(5) $\displaystyle\lim_{n \to \infty}\dfrac{1}{5n}$　　　　(6) $\displaystyle\lim_{n \to \infty}\dfrac{3}{n^2}$

(7) $\displaystyle\lim_{n \to \infty}(n^2+n)$　　　　(8) $\displaystyle\lim_{n \to \infty}(n^2-2n)$　　　　(9) $\displaystyle\lim_{n \to \infty}(3n-n^3)$

数列の極限では，$\displaystyle\lim_{n \to \infty}(n\text{ の式})$ の形の問題になる。(1) から (7) までは直感的にすぐわかると思うけれど，(8)，(9) は共に $(\infty - \infty)$ の形をしているので，以下の解説でシッカリ理解しよう！

(1) $\displaystyle\lim_{n \to \infty} 2n = 2 \times \infty = \infty$　←─ ∞になるものに，2をかけても∞になる。

(2) $\displaystyle\lim_{n \to \infty}\left(-\dfrac{n}{3}\right) = -\dfrac{\infty}{3} = -\infty$　← ∞になるものを3で割っても，∞になるけれど，今回は−1がかかっているので−∞になる。

(3) $\displaystyle\lim_{n \to \infty} 4 \cdot n^3 = 4 \times \infty = \infty$　← ∞になるものを3乗しても4をかけても∞になることに変わりはない。

(4) $\displaystyle\lim_{n \to \infty}\dfrac{2}{n} = \dfrac{2}{\infty} = 0$

(5) $\displaystyle\lim_{n \to \infty}\dfrac{1}{5n} = \dfrac{1}{\infty} = 0$　← $\dfrac{(\text{定数})}{\infty}$ の極限は 0 に収束する。

(6) $\displaystyle\lim_{n \to \infty}\dfrac{3}{n^2} = \dfrac{3}{\infty} = 0$

145

(7) $\lim\limits_{n \to \infty}(n^2+n)$ は $n \to \infty$ のとき，n^2 も n も ∞ に大きくなるから

$$\lim_{n \to \infty}(n^2+n) = \infty + \infty = \infty \qquad となるんだね。$$

これから，$\infty + \infty = \infty$ となることは大丈夫だね。ところが，次の**(8)**，**(9)**では $\infty - \infty$ の形の極限が出てくる。これについては，極限がどうなるか定まっていない，"**不定形**"の極限の問題というんだよ。

　ここで重要なポイントは同じ ∞ に発散していくものでも ∞ に大きくなっていく速さ(強さ)に違いがあるということなんだ。これは，$n \to \infty$ と大きくなっていくとき，その途中の瞬間をとらえたスナップ写真で考えると分かりやすいよ。n は，$n = \cdots, 100, 1000, 10000, \cdots$ と大きくなっていくわけだけど，ここで，たとえば $n = 1000$ のときを考えてみよう。すると，

$n = 1000$ ← これは，もちろん千だね。

$n^2 = (1000)^2 = 1000 \times 1000 = 1000000$ ← これは百万のこと

$n^3 = (1000)^3 = 1000 \times 1000 \times 1000 = 1000000000$ ← これは十億だよ。

となるから，n よりも n^2 の方が明らかに速く大きくなるし，さらに n^3 は

（千）　（百万）　（十億）

もっと速く ∞(無限大)に向って大きくなって行くのが分かるだろう。ボクはこれを"弱い∞"や"強い∞"などという表現で表すことにしている。つまり $n \to \infty$ のとき，n より n^2 の方が強い∞だし，n^3 は n^2 よりさらに強い∞ということになるんだね。

　この"強い∞"や"弱い∞"などの表現は，数学的に正式なものではなく，ボクが勝手に言っているだけだから，答案には書いてはいけないよ。でも，数列の極限を考える上で，非常に役に立つ考え方だから，頭の中では常に，この無限大(∞)は，強い方か，弱い方かということを考えながら式を見ていくと，話が見えてくるんだよ。

146

サァ，それでは (8)，(9) の極限を見てみよう。すると，

(8) $\lim\limits_{n \to \infty} (\underline{n^2} - \underline{2n})$ は，$n = 1000$ のとき，n^2 は百万，$2n$ は 2 千で明らかに
　　　　 強い∞　弱い∞

n^2 の方が $2n$ よりも強い∞となるので，$\lim\limits_{n \to \infty} (n^2 - 2n) = \infty$ となるのがわか
　　　　　　　　　　　　　　　　　　 (強い∞)−(弱い∞)＝＋∞となるね。

るね。n は 2 倍されているけれど，これは∞の強さにはあまり関係しな

いね。$n = 1000$ のとき，$n^2 - 2n =$ 百万 − 2 千では明らかに ＋∞になって

いくことが見えてくるからね。つまり，∞の強さに影響するのは n^1 と n^2

の指数部の大きさなんだね。同様に

(9) $\lim\limits_{n \to \infty} (\underline{3n} - \underline{n^3})$ の極限も，n の 1 次式の $3n^1$ よりも，n の 3 次式の n^3 の
　　　　　 弱い∞　強い∞

方が，圧倒的に強い∞なので，$\lim\limits_{n \to \infty} (3n - n^3) = -\infty$ となるだろうね。
　　　　　　　　　　　 $n = 1000$ のとき，3 千−十億では明らかに−∞になっていく。

一般に，＋∞はただ∞と表記してよく，−∞のときは−∞と書くことも覚

えておこう。以上で (8)，(9) の極限がそれぞれ∞と−∞になることが直

感的には分かっただろう。でも，これをもっとキチンと数学的に表すに

は，(8) は n^2 を，(9) は n^3 をくくり出せばいいんだよ。以下が (8)，(9) の

正式な答案だ。

(8) $\lim\limits_{n \to \infty} (n^2 - 2n) = \lim\limits_{n \to \infty} \overset{\infty}{n^2} \left(1 - \overset{0}{\dfrac{2}{n}}\right) = \infty \times (1 - 0) = \infty$
　　　　　　　　　　　　 n^2 をくくり出す

(9) $\lim\limits_{n \to \infty} (3n - n^3) = \lim\limits_{n \to \infty} \overset{\infty}{n^3} \left(\overset{0}{\dfrac{3}{n^2}} - 1\right) = \infty \times (0 - 1) = -\infty$
　　　　　　　　　　　　 n^3 をくくり出す

このように∞−∞は，∞に発散したり−∞に発散したり，また今回は示さ

なかったけど，ある極限値に収束したりする場合があって，その極限がど

うなるか定まらない。だから "不定形" というんだよ。納得いった？

数列の極限 4

147

エッ，∞－∞の不定形で，ある極限値に収束するものも知りたいって？

好奇心旺盛だね。いいよ，次の例題を解いてごらん。

$(a) \displaystyle\lim_{n \to \infty} \left(\sqrt{n+1} - \sqrt{n} \right)$ を調べよう。

これは $\sqrt{n+1} = (n+1)^{\frac{1}{2}}$，$\sqrt{n} = n^{\frac{1}{2}}$ だから，$n \to \infty$ のとき，いずれも弱い∞だけど，$(\infty - \infty)$ の不定形なんだね。そして，このような $(\sqrt{} - \sqrt{})$ の形がきたら，この分子・分母に $(\sqrt{} + \sqrt{})$ をかけて，分子を"和と差の積"の形にすると，その極限が見えてくるんだよ。つまり，

$$\lim_{n \to \infty} \left(\overset{\infty}{\sqrt{n+1}} - \overset{\infty}{\sqrt{n}} \right) = \lim_{n \to \infty} \frac{\overbrace{\left(\sqrt{n+1} - \sqrt{n} \right)\left(\sqrt{n+1} + \sqrt{n} \right)}^{(\sqrt{n+1})^2 - (\sqrt{n})^2 = n+1-n}}{\sqrt{n+1} + \sqrt{n}}$$

分子・分母に $\sqrt{n+1} + \sqrt{n}$ をかけた。

$$= \lim_{n \to \infty} \frac{n+1-n}{\sqrt{n+1} + \sqrt{n}} = \lim_{n \to \infty} \frac{1}{\underbrace{\sqrt{n+1} + \sqrt{n}}_{\infty + \infty}} = \frac{1}{\infty} = 0 \quad (\text{収束})$$

となって，この極限は **0** に収束することが分かったんだね。大丈夫？

● $\frac{\infty}{\infty}$ の不定形にもチャレンジしよう！

サァ，これ以外にも，"$\frac{\infty}{\infty}$ の不定形"が試験では非常によく狙われるんだよ。これについて，これから詳しく勉強していこう。次の練習問題 **42** は，分子も分母も共に∞になる極限の問題なんだけど，無限大 (∞) の強弱により，∞に発散したり，**0** に収束したり，**0** 以外のある極限値に収束したりするんだよ。

極限というのは，動きのあるものだから，それを紙面に表現することは難しいんだけれど，その動きのあるもののある瞬間をパチリと取ったスナップ写真で示すと，次のようになるんだよ。

148

(ⅰ) $\dfrac{2000000000}{1000} \longrightarrow \infty$ （ 発散 ）$\leftarrow \boxed{\dfrac{強い\infty}{弱い\infty} \rightarrow \infty のパターン}$

(ⅱ) $\dfrac{30000}{500000000000} \longrightarrow 0$ （ 収束 ）$\leftarrow \boxed{\dfrac{弱い\infty}{強い\infty} \rightarrow 0 のパターン}$

(ⅲ) $\dfrac{200000}{300000} \longrightarrow \dfrac{2}{3}$ （ 収束 ）$\leftarrow \boxed{\dfrac{同じ強さの\infty}{同じ強さの\infty} \rightarrow (0以外のある値) のパターン}$

このように $\dfrac{\infty}{\infty}$ の極限は，∞ に発散したり，0 やある値に収束したり，どうなるか定まっていないので，この極限のことを " $\dfrac{\infty}{\infty}$ **の不定形** " というんだよ。

それでは，練習問題で実際に，この種の極限の問題を解いてみよう。

練習問題 42	$\dfrac{\infty}{\infty}$の不定形	CHECK*1*	CHECK*2*	CHECK*3*

次の極限を調べよ。

(1) $\displaystyle\lim_{n \to \infty} \dfrac{n^2-2}{n+1}$ (2) $\displaystyle\lim_{n \to \infty} \dfrac{n^3+1}{2n^2}$ (3) $\displaystyle\lim_{n \to \infty} \dfrac{n-1}{n^2}$

(4) $\displaystyle\lim_{n \to \infty} \dfrac{n^2+1}{n^3-n}$ (5) $\displaystyle\lim_{n \to \infty} \dfrac{n^2+2}{2n^2}$ (6) $\displaystyle\lim_{n \to \infty} \dfrac{\sqrt{n}-1}{\sqrt{n}+1}$

(1), **(2)** は分子の n の次数の方が，分母の次数より大きいので，

(ⅰ) $\dfrac{強い\infty}{弱い\infty} \rightarrow \infty$ のパターンだね。**(3)**, **(4)** はこの逆で (ⅱ) $\dfrac{弱い\infty}{強い\infty} \rightarrow 0$ の

パターンだ。そして **(5)**, **(6)** は分子と分母の n の次数が等しいので，

(ⅲ) $\dfrac{同じ強さの\infty}{同じ強さの\infty} \rightarrow$ (ある値) に収束するパターンだ。

(1) $\displaystyle\lim_{n \to \infty} \dfrac{n^2-2}{n+1}$ は $\dfrac{2 次の\infty （ 強い\infty ）}{1 次の\infty （ 弱い\infty ）}$ なので，∞ に発散することが分かる。

でも，これをキチンと示すには，この分子・分母を n で割ると明らかになる。つまり，

149

$$\lim_{n \to \infty} \frac{n^2 - 2}{n + 1} = \lim_{n \to \infty} \frac{n - \dfrac{2}{n}}{1 + \dfrac{1}{n}}$$

分子・分母を n で割った。

$$= \frac{\infty - 0}{1 + 0} = \frac{\infty}{1} = \infty \quad \text{となる。}$$

(2) も，**(1)** と同様で，分子・分母を n^2 で割ると

$$\lim_{n \to \infty} \frac{n^3 + 1}{2n^2} \quad \left[\frac{3 \text{ 次の} \infty \text{（強い} \infty \text{）}}{2 \text{ 次の} \infty \text{（弱い} \infty \text{）}} \right]$$

強い ∞ や弱い ∞ はあくまでも相対的なもので，**3** 次の ∞ に対しては **2** 次の ∞ は弱い ∞ なんだ。

$$= \lim_{n \to \infty} \frac{n + \dfrac{1}{n^2}}{2}$$

分子・分母を n^2 で割った。

$$= \frac{\infty}{2} = \infty \quad \text{となる。}$$

(3) $\displaystyle\lim_{n \to \infty} \frac{n - 1}{n^2}$ は，$\dfrac{1 \text{ 次の} \infty \text{（弱い} \infty \text{）}}{2 \text{ 次の} \infty \text{（強い} \infty \text{）}}$ なので，**0** に収束することが分か

るね。でも，これをキチンと示すには，分子と分母を n で割るといい。

$$\lim_{n \to \infty} \frac{n - 1}{n^2} = \lim_{n \to \infty} \frac{1 - \dfrac{1}{n}}{n}$$

分子・分母を n で割った。

$$= \frac{1}{\infty} = 0 \text{ だね。}$$

(4) も，**(2)** と同様で，分子・分母を n^2 で割るといいよ。

$$\lim_{n \to \infty} \frac{n^2 + 1}{n^3 - n} \quad \left[\frac{2 \text{ 次の} \infty \text{（弱い} \infty \text{）}}{3 \text{ 次の} \infty \text{（強い} \infty \text{）}} \right]$$

$$= \lim_{n \to \infty} \frac{1 + \dfrac{1}{n^2}}{n - \dfrac{1}{n}}$$

分子・分母を n^2 で割った。

$$= \frac{1}{\infty} = 0 \quad \text{となる。}$$

150

(5) $\lim\limits_{n \to \infty} \dfrac{n^2+2}{2n^2}$ は，$\dfrac{2 \text{ 次の} \infty\,(\text{同じ強さの} \infty)}{2 \text{ 次の} \infty\,(\text{同じ強さの} \infty)}$ なので，0 以外のある値に

収束すると考えられるね。この場合，分子・分母を n^2 で割るとハッキ

リするよ。

$$\lim_{n \to \infty} \frac{n^2+2}{2n^2} = \lim_{n \to \infty} \frac{1+\boxed{\dfrac{2}{n^2}}^{\,0}}{2}$$

> 分子・分母を
> n^2 で割った。

$$= \frac{1+0}{2} = \frac{1}{2} \quad \text{に収束する。}$$

(6) も，(5) と同様に，同じ強さ $\left(\dfrac{1}{2} \text{ 次} \right)$ の ∞ が，分子・分母にあるので，

この分子・分母を $\sqrt{n}$ で割ると，その極限の形が明らかになる。

$$\lim_{n \to \infty} \frac{\sqrt{n-1}}{\sqrt{n+1}} \left[\frac{\dfrac{1}{2} \text{ 次の} \infty\,(\text{同じ強さの} \infty)}{\dfrac{1}{2} \text{ 次の} \infty\,(\text{同じ強さの} \infty)} \right]$$

$$= \lim_{n \to \infty} \frac{\sqrt{1-\boxed{\dfrac{1}{n}}^{\,0}}}{\sqrt{1+\boxed{\dfrac{1}{n}}_{\,0}}}$$

> 分子・分母を
> $\sqrt{n}$ で割った。

> ていねいに書くと
> $$\frac{\dfrac{\sqrt{n-1}}{\sqrt{n}}}{\dfrac{\sqrt{n+1}}{\sqrt{n}}} = \sqrt{\dfrac{\dfrac{n-1}{n}}{\dfrac{n+1}{n}}} = \sqrt{\dfrac{1-\dfrac{1}{n}}{1+\dfrac{1}{n}}} \ \text{だ！}$$

$$= \frac{\sqrt{1-0}}{\sqrt{1+0}} = \frac{1}{1} = 1 \ \text{となって，答えだ！ 納得いった？}$$

これで，$\dfrac{\infty}{\infty}$ の不定形の極限の計算についても自信がもてるようになった

だろう？

　では次，2 つの数列 $\{a_n\}$ と $\{b_n\}$ の極限が，共に $\lim\limits_{n \to \infty} a_n = \alpha$，$\lim\limits_{n \to \infty} b_n = \beta$ のように収束する場合，$a_n + b_n$ や $a_n - b_n$ や $a_n b_n \cdots$ などの極限がどうなる

のかについても，解説しておこう。

● 収束する数列の性質も押さえよう！

収束する数列 $\{a_n\}$ や $\{b_n\}$ の極限値について，次の公式が成り立つ。

数列の極限値の性質

2つの数列 $\{a_n\}$ と $\{b_n\}$ が収束して，$\displaystyle\lim_{n \to \infty} a_n = \alpha$，$\displaystyle\lim_{n \to \infty} b_n = \beta$ とする。

このとき，次の公式が成り立つ。

(1) $\displaystyle\lim_{n \to \infty} k a_n = k\alpha$ （k：実数定数）

(2) $\displaystyle\lim_{n \to \infty} (a_n + b_n) = \alpha + \beta$ 　　　(3) $\displaystyle\lim_{n \to \infty} (a_n - b_n) = \alpha - \beta$

(4) $\displaystyle\lim_{n \to \infty} a_n \cdot b_n = \alpha\beta$ 　　　(5) $\displaystyle\lim_{n \to \infty} \frac{a_n}{b_n} = \frac{\alpha}{\beta}$

これらの性質についても，次の練習問題で練習しておこう。

練習問題 43　　数列の極限値の性質　　CHECK 1　CHECK 2　CHECK 3

$a_n = \dfrac{2n-1}{n+1}$ ，$b_n = \dfrac{3n^2+1}{1-n^2}$ （$n = 1$，2，3，$\cdots$）について，

(1) $\displaystyle\lim_{n \to \infty} a_n$，$\displaystyle\lim_{n \to \infty} b_n$ を求めよ。

(2) $\displaystyle\lim_{n \to \infty} (a_n + 2b_n)$，$\displaystyle\lim_{n \to \infty} a_n b_n$，$\displaystyle\lim_{n \to \infty} \dfrac{3a_n}{b_n}$ を求めよ。

(1) $\displaystyle\lim_{n \to \infty} a_n = 2$，$\displaystyle\lim_{n \to \infty} b_n = -3$ となることは，スグに分かるね。(2) は，(1) の
結果を利用すればいいんだね。頑張ろう！

(1)　$\displaystyle\cdot \lim_{n \to \infty} a_n = \lim_{n \to \infty} \frac{2n-1}{n+1} = \lim_{n \to \infty} \frac{2 - \dfrac{1}{n}^{\,0}}{1 + \dfrac{1}{n}_{\,0}} = \frac{2}{1} = 2$

　　$\displaystyle\cdot \lim_{n \to \infty} b_n = \lim_{n \to \infty} \frac{3n^2+1}{1-n^2} = \lim_{n \to \infty} \frac{3 + \dfrac{1}{n^2}^{\,0}}{\dfrac{1}{n^2}_{\,0} - 1} = \frac{3}{-1} = -3$

(2) (1) の結果を用いて，

　　$\displaystyle\cdot \lim_{n \to \infty} (\underset{2}{a_n} + 2 \cdot \underset{-3}{b_n}) = 2 + 2 \cdot (-3) = 2 - 6 = -4$

152

$\cdot \displaystyle\lim_{n \to \infty} a_n \cdot b_n = 2 \cdot (-3) = -6$

$\cdot \displaystyle\lim_{n \to \infty} \frac{3 \cdot a_n}{b_n} = \lim_{n \to \infty} \frac{3 \times 2}{-3} = -2$ となって答えだ！

どう？簡単だっただろう？では次，数列の大小関係と極限について，次の性質があることも頭に入れておこう。

数列の大小関係と極限

(1) $a_n \leqq b_n$ $(n = 1, 2, 3, \cdots)$ のとき，

(i) $\displaystyle\lim_{n \to \infty} a_n = \alpha$, $\displaystyle\lim_{n \to \infty} b_n = \beta$ ならば，$\alpha \leqq \beta$ となる。

(ii) $\displaystyle\lim_{n \to \infty} a_n = \infty$ ならば，$\displaystyle\lim_{n \to \infty} b_n = \infty$ となる。

(2) $a_n \leqq c_n \leqq b_n$ $(n = 1, 2, 3, \cdots)$ のとき，

$\displaystyle\lim_{n \to \infty} a_n = \lim_{n \to \infty} b_n = \alpha$ ならば，$\displaystyle\lim_{n \to \infty} c_n = \alpha$ となる。

特に，(2) は "はさみ打ちの原理" と呼ばれる。$\underset{\boxed{\alpha}}{a_n} \leqq c_n \leqq \underset{\boxed{\alpha}}{b_n}$ で，

$n \to \infty$ のとき，a_n と b_n が同じ α に収束するならば，それらにはさまれた c_n も当然 α に収束するんだね。このはさみ打ちの原理を用いて，次の例題を解いてみよう。

(ex3) $\displaystyle\lim_{n \to \infty} \frac{1}{n} \sin \frac{n\pi}{6} = 0$ ……(*) となることを，示してみよう。

$\sin \dfrac{n\pi}{6}$ は，すべての自然数 n に対して，

$-1 \leqq \sin \dfrac{n\pi}{6} \leqq 1$ …① となるのはいいね。

よって，①の各辺を自然数 n (>0) で割っても大小関係は変わらないので，$-\dfrac{1}{n} \leqq \dfrac{1}{n} \sin \dfrac{n\pi}{6} \leqq \dfrac{1}{n}$ ← はさみ打ちの形になった！

ここで，$\displaystyle\lim_{n \to \infty} \left(-\frac{1}{n} \right) = \lim_{n \to \infty} \frac{1}{n} = 0$ だから，はさみ打ちの原理より，

$\displaystyle\lim_{n \to \infty} \frac{1}{n} \sin \frac{n\pi}{6} = 0$ ……(*) が成り立つ。大丈夫だった？

数列の極限 4

153

● $\lim_{n \to \infty} r^n$ の形の極限もマスターしよう！

初項 a，公比 r の等比数列 $\{a_n\}$ の一般項 a_n は，$a_n = a \cdot \underline{r^{n-1}}$ と表される
のは大丈夫だね。このように r^{n-1} や r^n などの入った式で $n \to \infty$ にしたと
きの極限がどうなるかについても，シッカリ勉強しておこう。

まず，$r^n = \underbrace{r \times r \times r \times r \times \cdots\cdots \times r}_{n \text{ 個の } r \text{ の積}}$ であることは，大丈夫だね。ここで，

$n \to \infty$ にするということは，

$\lim_{n \to \infty} r^n = \underbrace{r \times r \times r \times r \times \cdots\cdots}_{\infty \text{ 個の } r \text{ の積}}$，つまり，$r$ を無限にかけていったとき，ど

うなるかを調べよって言ってるんだね。この $\lim_{n \to \infty} r^n$ については次の公式が
あるので，まず頭に入れておこう。

■ $\lim_{n \to \infty} r^n$ の公式

（ⅰ）$-1 < r < 1$ のとき，　　$\lim_{n \to \infty} r^n = 0$

（ⅱ）$r = 1$ のとき，　　　　$\lim_{n \to \infty} r^n = 1$

（ⅲ）$r \leqq -1$，$1 < r$ のとき，$\lim_{n \to \infty} r^n$ は発散する。

エッ，意味がよく分からんって？　いいよ，これから詳しく解説しよう。

（ⅰ）$-1 < r < 1$ のときの例として，まず $r = \dfrac{1}{2}$ のときを考えよう。この

とき，

$r^1 = \left(\dfrac{1}{2}\right)^1 = \dfrac{1}{2}$，$r^2 = \left(\dfrac{1}{2}\right)^2 = \dfrac{1}{4}$，$r^3 = \left(\dfrac{1}{2}\right)^3 = \dfrac{1}{8}$，$r^4 = \left(\dfrac{1}{2}\right)^4 = \dfrac{1}{16}$，$\cdots$

だから，r^n の n を $n \to \infty$ にしていくと，限りなく 0 に近づいていくのが

分かるね。よって，$\lim_{n \to \infty} \left(\dfrac{1}{2}\right)^n = \underset{\text{目的地}}{0}$ となるんだよ。

次に，$r = -\dfrac{1}{2}$ のときも

154

$r^1 = \left(-\dfrac{1}{2}\right)^1 = -\dfrac{1}{2}, r^2 = \left(-\dfrac{1}{2}\right)^2 = \dfrac{1}{4}, r^3 = \left(-\dfrac{1}{2}\right)^3 = -\dfrac{1}{8}, r^4 = \left(-\dfrac{1}{2}\right)^4 = \dfrac{1}{16}, \cdots$

と$\ominus$, $\oplus$の符号は変化するけれど, これも限りなく0に近づいていくから,

$\displaystyle\lim_{n \to \infty}\left(-\dfrac{1}{2}\right)^n = 0$ となるんだよ。

それ以外の値でも, r が $-1 < r < 1$ の範囲の値をとるとき同様に,

$\displaystyle\lim_{n \to \infty} r^n = 0$ となる。

(ii) $r = 1$ のときは, 1 を何回かけても 1 は 1 だから, $1^n = 1$ だね。よって,

$n \to \infty$ としても, $\displaystyle\lim_{n \to \infty} r^n = \lim_{n \to \infty} 1^n = 1$ となるんだね。

(iii) $r \leqq -1$ または $1 < r$ のときの例として, まず $r = 2$ のときを考えよう。

$r^1 = 2^1 = 2, r^2 = 2^2 = 4, r^3 = 2^3 = 8, r^4 = 2^4 = 16, \cdots$ と限りなく (無限に)

値が大きくなるので, $\displaystyle\lim_{n \to \infty} r^n = \lim_{n \to \infty} 2^n = \infty$ に発散する。 ←［極限はある！］

次に $r = -2$ のときは,

$r^1 = (-2)^1 = -2, r^2 = (-2)^2 = 4, r^3 = (-2)^3 = -8, r^4 = (-2)^4 = 16, \cdots$

と$\ominus\oplus$に値を振動させながら, しかも, その絶対値が大きくなっていくの

で, ある値に収束することはない。よって, $\displaystyle\lim_{n \to \infty} r^n = \lim_{n \to \infty} (-2)^n$ は発散

する。さらに, $r = -1$ のときも,

$r^1 = (-1)^1 = -1, r^2 = (-1)^2 = 1, r^3 = (-1)^3 = -1, r^4 = (-1)^4 = 1, \cdots$

のように-1と$+1$の値を永遠に振動し続けるので, この場合も

$\displaystyle\lim_{n \to \infty} r^n = \lim_{n \to \infty} (-1)^n$ は発散する。 ←［振動するので, 極限はない！］

以上のように, $+\infty$や$-\infty$にならなくても, 極限が振動してある値に収

束しないときも, "**発散する**" というんだね。

それじゃ, $\displaystyle\lim_{n \to \infty} r^n$ の問題も, 次の練習問題で具体的に解いてみよう。

155

| 練習問題 **44** | $\lim_{n \to \infty} r^n$ の極限 | CHECK **1** | CHECK **2** | CHECK **3** |

次の極限を調べよ。

(1) $\displaystyle\lim_{n \to \infty} \left(\frac{3}{2}\right)^n$　　　(2) $\displaystyle\lim_{n \to \infty} \left(-\frac{2}{3}\right)^{n-1}$　　　(3) $\displaystyle\lim_{n \to \infty} \frac{3^n}{2^n + 1}$

(4) $\displaystyle\lim_{n \to \infty} \frac{(-1)^n + 3^n}{3^n}$　　(5) $\displaystyle\lim_{n \to \infty} \frac{3^n + 2^n}{3^n - 2^n}$　　(6) $\displaystyle\lim_{n \to \infty} \frac{4 \cdot 3^n - 5^n}{3 \cdot 5^n + 2 \cdot 3^n}$

$\displaystyle\lim_{n \to \infty} r^n$ は，（ⅰ）$-1 < r < 1$ のときは 0 に，（ⅱ）$r = 1$ のときは 1 に収束し，（ⅲ）$r \leqq -1$，$1 < r$ のときは発散するんだね。頑張ろう！

---

(1) $r = \dfrac{3}{2} > 1$ より，$\displaystyle\lim_{n \to \infty} \left(\frac{3}{2}\right)^n = \infty$ に発散する。

(2) $r = -\dfrac{2}{3}$ は，$-1 < r < 1$ をみたすので，$\displaystyle\lim_{n \to \infty} \left(-\frac{2}{3}\right)^{n-1} = 0$ に収束する。

(3) $\displaystyle\lim_{n \to \infty} \frac{3^n}{2^n + 1}$ は，$\dfrac{\infty}{\infty}$ の不定形だけど，

分子・分母を 2^n で割ると話が見えてくる。

> 極限の場合 $\left(-\dfrac{2}{3}\right)^n$ も $\left(-\dfrac{2}{3}\right)^{n-1}$ も $\left(-\dfrac{2}{3}\right)^{n+1}$ も $n \to \infty$ にしたら，$\left(-\dfrac{2}{3}\right)$ をたくさんたくさんかけるということに変わりはないから，同じ結果になるんだよ。大丈夫？

$$\lim_{n \to \infty} \frac{3^n}{2^n + 1} = \lim_{n \to \infty} \frac{\dfrac{3^n}{2^n}}{\dfrac{2^n + 1}{2^n}}$$

（分子・分母を 2^n で割った）

$$= \lim_{n \to \infty} \frac{\left(\dfrac{3}{2}\right)^n}{1 + \left(\dfrac{1}{2}\right)^n} = \frac{\infty}{1 + 0} = \infty$$ に発散する。

（1 と −1 に振動）

(4) $\displaystyle\lim_{n \to \infty} \frac{(-1)^n + 3^n}{3^n} = \lim_{n \to \infty} \left\{ \left(-\frac{1}{3}\right)^n + \frac{3^n}{3^n} \right\} = \lim_{n \to \infty} \left\{ \left(-\frac{1}{3}\right)^n + 1 \right\} = 1$

> これは，$n \to \infty$ になっても，定数なので無関係だ。

に収束する。

156

(5) $\displaystyle\lim_{n \to \infty} \frac{3^n + 2^n}{3^n - 2^n}$ は，$\dfrac{\infty}{\infty - \infty}$ の不定形だけれど，分子・分母を 3^n で割る

と話が見えてくるんだね。

$$\lim_{n \to \infty} \frac{3^n + 2^n}{3^n - 2^n} = \lim_{n \to \infty} \frac{\dfrac{3^n + 2^n}{3^n}}{\dfrac{3^n - 2^n}{3^n}} \quad \underset{3^n \text{で割った。}}{\boxed{\text{分子・分母を}}} = \lim_{n \to \infty} \frac{1 + \left(\dfrac{2}{3}\right)^n}{1 - \left(\dfrac{2}{3}\right)^n}$$

$$= \frac{1 + 0}{1 - 0} = 1 \quad \text{に収束する。}$$

(6) $\displaystyle\lim_{n \to \infty} \frac{4 \cdot 3^n - 5^n}{3 \cdot 5^n + 2 \cdot 3^n}$ は，$\dfrac{\infty - \infty}{\infty}$ の不定形だけれど，これは，分子・分

母を 5^n で割るとうまくいくんだね。

$$\lim_{n \to \infty} \frac{4 \cdot 3^n - 5^n}{3 \cdot 5^n + 2 \cdot 3^n} = \lim_{n \to \infty} \frac{\dfrac{4 \cdot 3^n - 5^n}{5^n}}{\dfrac{3 \cdot 5^n + 2 \cdot 3^n}{5^n}} \quad \underset{5^n \text{で割った。}}{\boxed{\text{分子・分母を}}} = \lim_{n \to \infty} \frac{4\left(\dfrac{3}{5}\right)^n - 1}{3 + 2\left(\dfrac{3}{5}\right)^n}$$

$$= \frac{4 \times 0 - 1}{3 + 2 \times 0} = -\frac{1}{3} \quad \text{に収束するんだね。大丈夫だった？}$$

これで，$\displaystyle\lim_{n \to \infty} r^n$ の問題にも慣れただろう？ 後はよく復習しておくことだ。

以上で，"**数列の極限**" もその基本の解説が終わった。これで今回の講義

は終了です！ みんなよく頑張ったね。じゃ次回まで，みんな元気でな！

バイバイ…。

157

11th day Σ計算と極限，無限級数

おはよう！ みんな，元気か？ "数列の極限" も今日で 2 回目になるね。
前回は，$\frac{\infty}{\infty}$ の極限や，$\lim\limits_{n\to\infty} r^n$ など，"数列の極限" の基本について解説した。
そして今回は，さらに話を進めて，"Σ 計算と数列の極限"，"無限級数"
について詳しく教えようと思う。

ン？ "Σ 計算" については前に習った覚えはあるけど，忘れているか
も知れないって？ いいよ。まず，Σ 計算の復習から始めよう。

● Σ 計算の復習から始めよう！

数列 $\{a_n\}$ の初項 a_1 から第 n 項 a_n までの和を一般には S_n で表し，

$$S_n = a_1 + a_2 + a_3 + \cdots + a_n \quad \cdots\cdots① \quad (n = 1,\ 2,\ 3,\ \cdots)$$

と表現する。でも，ここでこの右辺の式は，記号 Σ (シグマ) を用いるこ
とにより，

$$S_n = \sum_{k=1}^{n} a_k \quad \cdots\cdots①' \quad \text{と簡潔に表すこともできる。}$$

この ①' の右辺の意味は，「a_k の k を $k=1$ から $k=n$ まで，$k=1, 2, \cdots, n$
と動かしていったときの和を取りなさい」ということなので，

結局 $\displaystyle\sum_{k=1}^{n} a_k = a_1 + a_2 + a_3 + \cdots + a_n$ となって，①の右辺と同じ意味なんだね。

下に 2 つ程，Σ 計算の例を出しておくので，これで Σ 計算の表し方や意
味を理解してくれ。

$(ex1)\ \displaystyle\sum_{k=1}^{10} b_k = b_1 + b_2 + b_3 + \cdots + b_{10}$

$(ex2)\ \displaystyle\sum_{k=1}^{n} k \cdot (k+1) = \underline{1 \cdot (1+1)} + \underline{2 \cdot (2+1)} + \underline{3 \cdot (3+1)} + \cdots + \underline{n \cdot (n+1)}$

$\boxed{k=1 \text{のとき}}$　$\boxed{k=2 \text{のとき}}$　$\boxed{k=3 \text{のとき}}$　$\boxed{k=n \text{のとき}}$

そして，この $\sum$ 計算には複数の公式がある。これもシッカリ覚えておこう。

$\sum$ 計算の公式

(1) $\displaystyle\sum_{k=1}^{n} c = \underbrace{c + c + c + \cdots + c}_{n \text{ 個の } c \text{ の和}} = nc$ （c：定数，$n = 1, 2, 3, \cdots$）

(2) $\displaystyle\sum_{k=1}^{n} k = 1 + 2 + 3 + \cdots + n = \frac{1}{2}n(n+1)$ （$n = 1, 2, 3, \cdots$）

(3) $\displaystyle\sum_{k=1}^{n} k^2 = 1^2 + 2^2 + 3^2 + \cdots + n^2 = \frac{1}{6}n(n+1)(2n+1)$ （$n = 1, 2, \cdots$）

(4) $\displaystyle\sum_{k=1}^{n} k^3 = 1^3 + 2^3 + 3^3 + \cdots + n^3 = \frac{1}{4}n^2(n+1)^2$ （$n = 1, 2, 3, \cdots$）

この公式の利用法として，例題を下に示しておくよ。

$(ex1)$ $\displaystyle\sum_{k=1}^{5} 3 = \underbrace{3 + 3 + 3 + 3 + 3}_{5 \text{ 個の } 3 \text{ の和}} = 5 \times 3 = 15$

（(3) の公式の n に 10 を代入したもの）

$(ex2)$ $\displaystyle\sum_{k=1}^{10} k^2 = 1^2 + 2^2 + 3^2 + \cdots + 10^2 = \frac{1}{6} \cdot 10 \cdot (10+1)(2 \cdot 10 + 1)$

$\qquad = \dfrac{\overset{5}{10} \times 11 \times \overset{7}{21}}{6} = 385$ となる。

どう？ $\sum$ 計算も思い出してきた？ さらに $\sum$ 計算には，次の **2** つの性質がある。

$\sum$ 計算の性質

(1) $\displaystyle\sum_{k=1}^{n} ca_k = c\sum_{k=1}^{n} a_k$ 　　　 (2) $\displaystyle\sum_{k=1}^{n} (a_k \pm b_k) = \sum_{k=1}^{n} a_k \pm \sum_{k=1}^{n} b_k$

(1) の性質は，次のように明らかに成り立つね。

$$\sum_{k=1}^{n} ca_k = ca_1 + ca_2 + \cdots + ca_n = c(\underline{a_1 + a_2 + \cdots + a_n}) = c\underline{\sum_{k=1}^{n} a_k}$$

159

(2) の性質も，たとえば，$\oplus$ (足し算) だけでみると

$$\sum_{k=1}^{n} (a_k + b_k) = (a_1 + b_1) + (a_2 + b_2) + \cdots + (a_n + b_n)$$

$$= \underline{(a_1 + a_2 + \cdots + a_n)} + \underline{(b_1 + b_2 + \cdots + b_n)} = \sum_{k=1}^{n} a_k + \sum_{k=1}^{n} b_k$$

となって，これも成り立つね。$\sum_{k=1}^{n} (a_k - b_k)$ のときも同様だよ。

さァ，この $\sum$ 計算と数列の極限を組合せた問題にチャレンジしてみようか？

練習問題 45　　Σ計算と極限　　　CHECK 1　　CHECK 2　　CHECK 3

次の極限を求めよ。

(1) $\displaystyle \lim_{n \to \infty} \frac{1 + 2 + 3 + \cdots + n}{n^2}$ 　　　　(2) $\displaystyle \lim_{n \to \infty} \frac{1^3 + 2^3 + 3^3 + \cdots + n^3}{n^4}$

(3) $\displaystyle \lim_{n \to \infty} \frac{1 \cdot 2 + 2 \cdot 3 + 3 \cdot 4 + \cdots + n \cdot (n+1)}{n^2(n+1)}$

急に難しくなったって？　そうでもないよ。$\sum$ 計算の公式通り，キッチリ計算していけばいいんだよ。(3) の分子は，$a_n = n(n+1)$ とおくと，$\sum_{k=1}^{n} a_k$ のことなんだ。

(1) 公式より，分子 $= 1 + 2 + 3 + \cdots + n = \sum_{k=1}^{n} k = \dfrac{1}{2} n(n+1)$ 　(n の 2 次式)

となるので，求める極限は，

$$\lim_{n \to \infty} \frac{1 + 2 + 3 + \cdots + n}{n^2} = \lim_{n \to \infty} \frac{\frac{1}{2} n(n+1)}{n^2} \quad \left[\frac{\text{2 次の} \infty \text{ (同じ強さの } \infty \text{)}}{\text{2 次の} \infty \text{ (同じ強さの } \infty \text{)}} \right]$$

$$= \lim_{n \to \infty} \frac{1}{2} \cdot \frac{n}{n} \cdot \frac{n+1}{n} = \lim_{n \to \infty} \frac{1}{2} \cdot 1 \cdot \left(1 + \frac{1}{n} \right) = \frac{1}{2} \cdot 1 \cdot 1 = \frac{1}{2} \text{ だね。}$$

結局，$\dfrac{\infty}{\infty}$ の不定形の極限に帰着するだけだ。難しくないだろう？

160

(2) も，公式 $\sum\limits_{k=1}^{n} k^3 = \dfrac{1}{4} n^2(n+1)^2$ を利用すれば，

$$\lim_{n \to \infty} \frac{\boxed{1^3 + 2^3 + 3^3 + \cdots + n^3}}{n^4} \quad \boxed{\sum_{k=1}^{n} k^3 = \frac{1}{4} n^2(n+1)^2}$$

$$= \lim_{n \to \infty} \frac{\dfrac{1}{4} n^2(n+1)^2}{n^4} \qquad \left[\frac{\mathbf{4}\,\text{次の} \infty\,(\text{同じ強さの}\infty)}{\mathbf{4}\,\text{次の} \infty\,(\text{同じ強さの}\infty)}\right]$$

$$= \lim_{n \to \infty} \frac{1}{4} \cdot \frac{n^2}{n^2} \cdot \frac{(n+1)^2}{n^2} = \lim_{n \to \infty} \frac{1}{4} \cdot 1 \cdot \left(\frac{n+1}{n}\right)^2$$

$$= \lim_{n \to \infty} \frac{1}{4}\left(1 + \frac{1}{n}\right)^2 = \frac{1}{4} \cdot 1^2 = \frac{1}{4} \quad \text{となるんだね。大丈夫？}$$

(3) の分子 $= \underset{a_1}{1 \cdot 2} + \underset{a_2}{2 \cdot 3} + \underset{a_3}{3 \cdot 4} + \cdots + \underset{a_n}{n(n+1)}$ について

$$\boxed{\begin{aligned} a_1 &= 1 \cdot (1+1) = 1 \cdot 2 \\ a_2 &= 2 \cdot (2+1) = 2 \cdot 3 \\ a_3 &= 3 \cdot (3+1) = 3 \cdot 4 \\ &\cdots\cdots\cdots\cdots\cdots \\ &\text{となって，ウマくいく！} \end{aligned}}$$

$a_k = k(k+1) \quad (k = 1, 2, 3, \cdots, n)$ とおくと，

$$\text{分子} = \sum_{k=1}^{n} a_k = \sum_{k=1}^{n} k(k+1) = \sum_{k=1}^{n} (k^2 + k)$$

$$= \sum_{k=1}^{n} k^2 + \sum_{k=1}^{n} k = \frac{1}{6} n(n+1)(2n+1) + \frac{1}{2} n(n+1)$$

$$\boxed{\frac{1}{6} n(n+1)(2n+1)} \quad \boxed{\frac{1}{2} n(n+1)}$$

$\boxed{\begin{aligned} &\sum_{k=1}^{n} (\alpha_k + \beta_k) \\ &= \sum_{k=1}^{n} \alpha_k + \sum_{k=1}^{n} \beta_k \\ &\text{だからね。} \end{aligned}}$

$$\therefore \lim_{n \to \infty} \frac{1 \cdot 2 + 2 \cdot 3 + \cdots + n(n+1)}{n^2(n+1)} = \lim_{n \to \infty} \frac{\overset{\text{3 次式}}{\frac{1}{6} n(n+1)(2n+1)} + \overset{\text{2 次式}}{\frac{1}{2} n(n+1)}}{\underset{\text{3 次式}}{n^2(n+1)}}$$

$$= \lim_{n \to \infty} \left(\frac{1}{6} \cdot \frac{n}{n} \cdot \frac{n+1}{n+1} \cdot \frac{2n+1}{n} + \frac{1}{2} \cdot \frac{n}{n^2} \cdot \frac{n+1}{n+1}\right)$$

$$= \lim_{n \to \infty} \left\{\frac{1}{6} \cdot 1 \cdot 1 \cdot \left(2 + \frac{1}{n}\right) + \frac{1}{2} \cdot \frac{1}{n} \cdot 1\right\} = \frac{2}{6} = \frac{1}{3} \quad \text{となって，答えだ！}$$

数列の極限 **4**

161

● 等差数列の和と極限の問題も解いてみよう！

初項 a，公差 d の等差数列 $\{a_n\}$ の一般項 a_n は，

$$a_n = a + (n-1) \cdot d = \underset{\square}{d \cdot n} + \underset{\triangle}{a - d} \ \text{となるので，}$$

$a_n = \square \cdot n + \triangle$ （$\square$，$\triangle$：定数）となるね。よって，この初項 a_1 から第 n 項 a_n までの和を S_n とおくと，

$$S_n = \sum_{k=1}^{n} a_k \quad (= a_1 + a_2 + \cdots + a_n \text{ のこと})$$

$$= \sum_{k=1}^{n} (\square \cdot k + \triangle)$$

$$= \square \underset{\underbrace{\frac{1}{2}n(n+1)}}{\sum_{k=1}^{n} k} + \underset{\underbrace{n \cdot \triangle}}{\sum_{k=1}^{n} \triangle}$$

$$\sum_{k=1}^{n} (\alpha_k + \beta_k) = \sum_{k=1}^{n} \alpha_k + \sum_{k=1}^{n} \beta_k$$
$$\sum_{k=1}^{n} c\alpha_k = c\sum_{k=1}^{n} \alpha_k$$
の性質を使った！

$$= \frac{\square}{2} n(n+1) + \triangle \cdot n \ \text{となって，} n \text{ の 2 次式の形にもち込める。}$$

それでは，次の練習問題を解いてみてごらん。

練習問題 46	等差数列の和と極限	CHECK 1	CHECK 2	CHECK 3

初項 5，公差 4 の等差数列 $\{a_n\}$ の初項から第 n 項までの和を S_n とおく。このとき，極限 $\lim\limits_{n \to \infty} \dfrac{S_n}{n^2}$ を求めよ。

初項 $a = 5$，公差 $d = 4$ の等差数列 $\{a_n\}$ の一般項 $a_n = 5 + (n-1) \cdot 4 = 4n + 1$ から，$S_n = \sum\limits_{k=1}^{n} a_k$ を（n の式）で求めて，極限にもち込めばいいんだね。

162

初項 $a=5$，公差 $d=4$ の等差数列 $\{a_n\}$ の一般項 a_n は，

$$a_n = a + (n-1)\cdot d = 5 + (n-1)\cdot 4 = 5 + 4n - 4$$

$\therefore$ $\underline{a_n = 4n+1}$ $(n=1,\ 2,\ 3,\ \cdots)$ となる。

よって，この数列 $\{a_n\}$ の初めの n 項の和 S_n は，

$$S_n = \sum_{k=1}^{n} a_k \quad (= a_1 + a_2 + \cdots + a_n)$$

$$= \sum_{k=1}^{n}(4k+1) = 4\underbrace{\sum_{k=1}^{n}k}_{\frac{1}{2}n(n+1)} + \underbrace{\sum_{k=1}^{n}1}_{n\cdot 1}$$

> $\sum$ 計算の公式
> $$\sum_{k=1}^{n}k = \frac{1}{2}n(n+1)$$
> $$\sum_{k=1}^{n}c = nc$$
> を使った！

$$= 4\cdot\frac{1}{2}n(n+1) + n\cdot 1 = 2n^2 + 2n + n$$

$$= 2n^2 + 3n \quad (n\ \text{の 2 次式}) \text{ となる。}$$

よって，求める極限は，

$$\lim_{n\to\infty}\frac{S_n}{n^2} = \lim_{n\to\infty}\frac{2n^2+3n}{n^2} \quad \left[\frac{\text{2 次の}\infty\,(\,\text{同じ強さの}\infty\,)}{\text{2 次の}\infty\,(\,\text{同じ強さの}\infty\,)}\right]$$

$$= \lim_{n\to\infty}\left(2\cdot\frac{n^2}{n^2} + 3\cdot\frac{n}{n^2}\right) = \lim_{n\to\infty}\left(2 + 3\cdot\boxed{\frac{1}{n}}\right) \quad \overbrace{\frac{1}{\infty}=0}$$

$$= 2 + 0 = 2 \quad \text{となるんだね。}$$

一般に，数列の和 S_n のことを，"級数（きゅうすう）" という。今回は等差数列の和だから，等差級数（とうさきゅうすう）の問題だったんだね。

● 無限級数の問題には，2 つのタイプがある！

数列の和 $S_n = a_1 + a_2 + \cdots + a_n$ のことを，級数（きゅうすう）ということは既に話したね。そして，この極限 $\lim_{n\to\infty} S_n = a_1 + a_2 + \cdots + a_n + \cdots$ の値を求める問題のことを "無限級数（むげんきゅうすう）" の問題というんだよ。

数列の極限 4

163

初項から第 n 項までの和 (級数) は，$S_n = \sum_{k=1}^{n} a_k$ とも書けるので，この無限級数は $\lim_{n \to \infty} S_n = \sum_{k=1}^{\infty} a_k$ と書くことも出来る。つまり，数列 $\{a_n\}$ の無限和のことなんだね。

そして，大学受験で狙われる，この無限級数の問題のタイプとしては，

- (i) "**無限等比級数**" と，
- (ii) "**部分分数分解型の無限級数**" の，**2** つがあるんだよ。

(i) まず，無限等比級数から解説しよう。これは，等比数列の無限和のことだよ。つまり，初項 a，公比 r の等比数列 $\{a_n\}$ の一般項は，$a_n = a \cdot r^{n-1}$ $(n = 1, 2, 3, \cdots)$ だったね。よって，無限等比級数を S とおくと，

$$S = a_1 + a_2 + a_3 + a_4 + \cdots + a_n + \cdots$$

$$= \underbrace{a + ar + ar^2 + ar^3 + \cdots + ar^{n-1}}_{\text{部分和 } S_n} + \cdots$$

$S = \sum_{k=1}^{\infty} a_k = \sum_{k=1}^{\infty} ar^{k-1}$ を具体的に書いたもの。

となる。

この無限等比級数を求める前に，初項 $a_1 = a$ から第 n 項 $a_n = ar^{n-1}$ までの和 S_n について考えよう。無限級数の問題を扱うとき，この S_n のことを無限級数の中のある部分ということで，"**部分和**" ということも覚えておこう。それじゃ，まず，この等比数列の部分和 S_n を求めてみよう。

$$S_n = a + ar + ar^2 + ar^3 + \cdots + ar^{n-2} + ar^{n-1} \quad \cdots\cdots\cdots\cdots ①$$

この両辺に公比 r をかけたものは，

$$rS_n = \underline{ar + ar^2 + ar^3 + \cdots + ar^{n-2} + ar^{n-1} + ar^n} \quad \cdots\cdots ②$$

$r(a + ar + ar^2 + \cdots + ar^{n-3} + ar^{n-2} + ar^{n-1})$ のこと。
②のように **1** つ右にずらして書くのがコツだ。

ここで，① − ② を実行すると，右辺の $ar + ar^2 + ar^3 + \cdots + ar^{n-2} + ar^{n-1}$ の部分が引き算により打ち消されて，

$S_n - rS_n = a - ar^n$ となる。これをさらに変形して，

$(1-r)S_n = a(1-r^n)$ となる。

ここで、公比 $r \neq 1$ のとき、この両辺は $1-r$ で割れて、

$$S_n = \frac{a(1-r^n)}{1-r} \quad (r \neq 1) \text{ となる。}$$

これが、初項 a、公比 r の等比数列 $\{a_n\}$ の部分和になるんだね。

ここで、無限等比級数 $\underset{\smile}{S}$ は、部分和 $\underset{\smile}{S_n}$ の n を $n \to \infty$ にしたものだから、

$\overparen{(a + ar + ar^2 + ar^3 + \cdots + ar^{n-1} + \cdots)}$ $\overparen{(a + ar + ar^2 + ar^3 + \cdots + ar^{n-1})}$

$$S = \lim_{n \to \infty} S_n = \lim_{n \to \infty} \frac{a(1-r^n)}{1-r} \quad (r \neq 1) \text{ だね。}$$

ここで、$\lim\limits_{n \to \infty} r^n$ の極限値を思い出そう。そうだね。$r \neq 1$ のとき、$\lim\limits_{n \to \infty} r^n$ が収束する条件は、r が $-1 < r < 1$ のときのみで、このとき $\lim\limits_{n \to \infty} r^n = 0$ となるんだった。

よって、公比 r が $-1 < r < 1$ のとき、この無限等比級数 S は、

$$\boxed{0 \ (\because -1 < r < 1)}$$

$$S = \lim_{n \to \infty} S_n = \lim_{n \to \infty} \frac{a(1-\overcircled{r^n})}{1-r} = \frac{a}{1-r} \text{ に収束するんだね。}$$

それ以外の r、つまり $r \leqq -1$ や $1 < r$ のときは無限等比級数 S は発散して極限値を持たない。よって、$-1 < r < 1$ の条件を、S が収束するための "収束条件" と呼ぶんだよ。以上から無限等比級数の次の公式が導ける。

無限等比級数の和

初項 a、公比 r の等比数列 $\{a_n\}$ が、収束条件 $-1 < r < 1$ をみたすならば、

無限等比級数 $S = \sum\limits_{k=1}^{\infty} ar^{k-1} = a + ar + ar^2 + ar^3 + \cdots + ar^{n-1} + \cdots = \dfrac{a}{1-r}$

となる。

エッ、簡単すぎるって？ でも、収束条件さえみたせば無限等比級数は、

$\dfrac{a}{1-r}$ とアッサリ求まってしまうんだ。これは、「$1-($公比$)$ 分の $($初項$)$」

165

と口ずさみながら覚えておくといいよ。

それでは，次の練習問題で，実際に無限等比級数の問題を解いてみよう。

練習問題 47	無限等比級数	CHECK *1*	CHECK *2*	CHECK *3*

次の問いに答えよ。

(1) 初項 4，公比 $\dfrac{1}{3}$ の無限等比級数の値を求めよ。

(2) 無限等比級数 $\displaystyle\sum_{k=1}^{\infty} 3 \cdot \left(-\dfrac{1}{4}\right)^{k-1}$ を求めよ。

(3) 無限等比級数 $\displaystyle\sum_{k=1}^{\infty} 5 \cdot \left(\dfrac{1}{2}\right)^{k+1}$ を求めよ。

どれも無限等比級数の問題なので，初項 a，公比 r の値を押さえ，r が収束条件 $-1 < r < 1$ をみたすことを確認したら，$\dfrac{a}{1-r}$ の公式でオシマイ。超簡単だ！

(1) 初項 $a = 4$，公比 $r = \dfrac{1}{3}$ の等比数列の無限級数を S とおくと，これは収束条件 $-1 < r < 1$ をみたすので，

$$無限級数\ S = \frac{a}{1-r} = \frac{4}{1-\dfrac{1}{3}} = \frac{4}{\dfrac{2}{3}} = \frac{12}{2} = 6\ となる。$$

(2) 無限等比級数を S とおくと，$S = \displaystyle\sum_{k=1}^{\infty} a \cdot r^{k-1} = \sum_{k=1}^{\infty} 3 \cdot \left(-\dfrac{1}{4}\right)^{k-1}$ より，

これは，初項 $a = 3$，公比 $r = -\dfrac{1}{4}$ の無限等比級数で，収束条件 $-1 < r < 1$ をみたす。よって，

$$S = \sum_{k=1}^{\infty} 3 \cdot \left(-\frac{1}{4}\right)^{k-1} = \frac{3}{1-\left(-\dfrac{1}{4}\right)} = \frac{3}{\dfrac{5}{4}} = \frac{12}{5}\ となる。$$

166

(3) も無限等比級数 $S = \sum\limits_{k=1}^{\infty} ar^{k-1}$ の形に書き直すと，

$$S = \sum_{k=1}^{\infty} 5 \cdot \left(\frac{1}{2}\right)^{k+1} = \sum_{k=1}^{\infty} \underset{a}{\boxed{\frac{5}{4}}} \cdot \underset{r}{\boxed{\left(\frac{1}{2}\right)}^{k-1}} \text{ となるので，}$$

$$\boxed{\left(\frac{1}{2}\right)^2 \cdot \left(\frac{1}{2}\right)^{k-1} = \frac{1}{4}\left(\frac{1}{2}\right)^{k-1}}$$

これは，初項 $a = \dfrac{5}{4}$，公比 $r = \dfrac{1}{2}$ の無限等比級数で，収束条件

$-1 < r < 1$ をみたす。

$$\therefore \ S = \sum_{k=1}^{\infty} \frac{5}{4} \cdot \left(\frac{1}{2}\right)^{k-1} = \frac{\frac{5}{4}}{1 - \frac{1}{2}} = \frac{\frac{5}{4}}{\frac{1}{2}} = \frac{2 \times 5}{4} = \frac{5}{2} \text{ となって答えだ！}$$

この位やれば，無限等比級数にも少しは自信がもてただろう。

また，この無限等比級数を応用すれば循環小数を分数で表すこともできる。たとえば，$\underline{0.\dot{3} = \dfrac{1}{3}}$ と表現できることも，次のように分かるんだね。

$\boxed{\text{これは，} \mathbf{0.333333\cdots} \text{のことだね。}}$

$$0.\dot{3} = 0.3333\cdots = 0.3 + 0.03 + 0.003 + 0.0003 + \cdots$$

$$= \frac{3}{10} + \frac{3}{100} + \frac{3}{1000} + \frac{3}{10000} + \cdots$$

$$= \frac{3}{10} + \frac{3}{10} \times \frac{1}{10} + \frac{3}{10} \times \left(\frac{1}{10}\right)^2 + \frac{3}{10} \times \left(\frac{1}{10}\right)^3 + \cdots$$

$$[\ a \ + \ a \cdot r \ + \ a \cdot r^2 \ + \ a \cdot r^3 \ + \cdots\ ]$$

よって，$0.\dot{3}$ は，初項 $a = \dfrac{3}{10}$，公比 $r = \dfrac{1}{10}$ の無限等比級数で，かつ収束

条件：$-1 < r < 1$ をみたすので，無限等比級数の公式：$\dfrac{a}{1-r}$ が使えて，

数列の極限

167

$0.\dot{3} = \dfrac{a}{1-r} = \dfrac{\dfrac{3}{10}}{1-\dfrac{1}{10}} = \dfrac{3}{10-1}$ ← 分子・分母に 10 をかけた $= \dfrac{3}{9} = \dfrac{1}{3}$ となるんだね。

納得いった？では，次の練習問題もやってごらん。

| 練習問題 48 | 循環小数 | CHECK 1 | CHECK 2 | CHECK 3 |

次の循環小数を分数で表せ。

(1) $0.\dot{2}\dot{1}$ (2) $1.\dot{3}\dot{6}$

(1) $0.\dot{2}\dot{1}$ は，初項 $a = 0.21$，公比 $r = 0.01$ の無限等比級数であることに気付けばいいんだよ。(2) も同様だ。頑張ろう！

(1) $0.\dot{2}\dot{1} = 0.212121\cdots$

$\qquad = 0.21 + 0.0021 + 0.000021 + \cdots$

$\qquad = \dfrac{21}{100} + \dfrac{21}{100} \cdot \dfrac{1}{100} + \dfrac{21}{100} \cdot \left(\dfrac{1}{100}\right)^2 + \cdots$

$\qquad [\ a\ +\ a\ \cdot\ r\ +\ a\ \cdot\ r^2\ +\cdots\ ]$

よって，$0.\dot{2}\dot{1}$ は，初項 $a = \dfrac{21}{100}$，公比 $r = \dfrac{1}{100}$ の無限等比級数で，

これは収束条件：$-1 < r < 1$ をみたす。

よって，$0.\dot{2}\dot{1} = \dfrac{a}{1-r} = \dfrac{\dfrac{21}{100}}{1-\dfrac{1}{100}} = \dfrac{21}{100-1}$ ← 分子・分母に 100 をかけた

$\qquad\qquad = \dfrac{21}{99} = \dfrac{7}{33}$

(2) $1.\dot{3}\dot{6} = 1.363636\cdots$

$\qquad = 1 + 0.36 + 0.0036 + 0.000036 + \cdots$

$\qquad = 1 + \dfrac{36}{100} + \dfrac{36}{100} \times \dfrac{1}{100} + \dfrac{36}{100} \times \left(\dfrac{1}{100}\right)^2 + \cdots$

$\qquad [\ a\ +\ a\ \cdot\ r\ +\ a\ \cdot\ r^2\ +\cdots\ ]$

よって，これも，1を除けば，初項 $a = 0.36$，公比 $r = 0.01$ の収束条件をみたす無限等比級数になっているんだね。

$$\therefore 1.\overset{\cdot\cdot}{3}\overset{\cdot}{6} = 1 + \frac{a}{1-r} = 1 + \frac{0.36}{1-0.01} = 1 + \frac{36}{100-1}$$

分子・分母に 100 をかけた

$$= 1 + \frac{36}{99} = 1 + \frac{4}{11} = \frac{11+4}{11} = \frac{15}{11} \quad \text{となる。大丈夫だった？}$$

それでは次，もう 1 つのタイプの無限級数，(ii) "**部分分数分解型**" のものについても，まず例で解説しておこう。数列 $\{a_n\}$ の一般項 a_n が，

$$a_n = \frac{1}{n(n+1)} \quad (n = 1, 2, 3, \cdots) で与えられるとき，この部分和 S_n を求めて，$$

$\lim\limits_{n \to \infty} S_n$ から無限級数 S を求めてみよう。

部分和 $S_n = \displaystyle\sum_{k=1}^{n} a_k = \displaystyle\sum_{k=1}^{n} \frac{1}{k(k+1)}$

まず，$S_n = a_1 + a_2 + \cdots + a_n$ を求め，$S = \lim\limits_{n \to \infty} S_n$ として無限級数を求める。

ここで，$\dfrac{1}{k(k+1)} = \dfrac{1}{k} - \dfrac{1}{k+1}$ と

分解できるね。これを "**部分分数に分解する**" というんだよ。そうした上で，部分和 S_n を計算すると，

$$S_n = \sum_{k=1}^{n} \left(\frac{1}{k} - \frac{1}{k+1} \right)$$

$k=1$ のとき　$k=2$ のとき　$k=3$ のとき　　　$k=n$ のとき

$$= \left(\frac{1}{1} - \frac{1}{2} \right) + \left(\frac{1}{2} - \frac{1}{3} \right) + \left(\frac{1}{3} - \frac{1}{4} \right) + \cdots + \left(\frac{1}{n} - \frac{1}{n+1} \right)$$

途中が，バサバサバサ…と，$\oplus\ominus$ で打ち消し合ってなくなる！

$$= 1 - \frac{1}{n+1} \quad \text{となる。}$$

後は $n \to \infty$ の極限をとれば，この数列 $\{a_n\}$ の無限級数 S が求まるんだね。

$$S = \lim_{n \to \infty} S_n = \lim_{n \to \infty} \left(1 - \frac{1}{n+1} \right) = 1 - \frac{1}{\infty} = 1 \quad \text{となって答えだ。大丈夫？}$$

このように，部分分数分解型の $\sum$ 計算では，数列 a_k が

$a_k = \dfrac{1}{k} - \dfrac{1}{k+1}$ のように，$a_k = I_k - I_{k+1}$ の形に変形できるんだ。

I_k　I_{k+1}

$I_k = \dfrac{1}{k}$ とおくと，この k に $k+1$ を代入したものが I_{k+1} より，$I_{k+1} = \dfrac{1}{k+1}$ となる。

そして，部分和 $S_n = \displaystyle\sum_{k=1}^{n} (I_k - I_{k+1})$ の計算で，途中がバサバサバサ…と打ち消し合ってなくなるので，最終的には，

$S_n = (I_1 - I_2) + (I_2 - I_3) + \cdots + (I_n - I_{n+1}) = I_1 - I_{n+1}$ となる。

そして，$\displaystyle\lim_{n \to \infty} I_{n+1} = 0$ の条件をみたせば，求める無限級数 S は，

$S = \displaystyle\lim_{n \to \infty} S_n = \lim_{n \to \infty} (I_1 - \overset{0}{I_{n+1}}) = I_1$ となって求まるんだね。このパターン

の要領も納得いったかな？

それじゃ，この種の問題も練習問題で練習しておこう！

練習問題 49 　部分分数分解型の無限級数 　　CHECK 1 　 CHECK 2 　 CHECK 3

次の無限級数の和を求めよ。

$(1)\ \displaystyle\sum_{k=1}^{\infty} (2^{-k} - 2^{-k-1})$ 　　　　　$(2)\ \displaystyle\sum_{k=1}^{\infty} \left\{ \dfrac{1}{(k+1)^2} - \dfrac{1}{k^2} \right\}$

---

(1) は，$I_k = 2^{-k}$ とおくと，$2^{-k-1} = 2^{-(k+1)}$ より $I_{k+1} = 2^{-(k+1)}$ となるんだね。

(2) も，$J_k = \dfrac{1}{k^2}$ とおくと，$J_{k+1} = \dfrac{1}{(k+1)^2}$ となるので，無限級数を求める

のにいい形だな。

(1) 部分和 $S_n = \displaystyle\sum_{k=1}^{n} \underbrace{(2^{-k} - 2^{-(k+1)})}_{I_k - I_{k+1} \text{ の形}}$ ←第 n 項までの和

途中がバサバサ…と消える！

$= \underbrace{(2^{-1} - 2^{-2})}_{k=1 \text{ のとき}} + \underbrace{(2^{-2} - 2^{-3})}_{k=2 \text{ のとき}} + \underbrace{(2^{-3} - 2^{-4})}_{k=3 \text{ のとき}} + \cdots + \underbrace{(2^{-n} - 2^{-(n+1)})}_{k=n \text{ のとき}}$

170

$$= 2^{-1} - 2^{-(n+1)} = \frac{1}{2} - \frac{1}{2^{n+1}}$$

> まず，部分和 S_n を求めて，それから $n \to \infty$ として無限級数 S を求める。

よって，求める無限級数 S は，

$$S = \sum_{k=1}^{\infty} \left(2^{-k} - 2^{-(k+1)} \right)$$

$$= \lim_{n \to \infty} S_n = \lim_{n \to \infty} \left\{ \frac{1}{2} - \boxed{\left(\frac{1}{2} \right)^{n+1}}^{\,0} \right\} = \frac{1}{2} \quad \text{となって答えだ。}$$

> $r = \frac{1}{2}$ のとき，$\lim_{n \to \infty} \left(\frac{1}{2} \right)^{n+1} = 0$ となる。$\left(\frac{1}{2} \right)^{n}$ でも $\left(\frac{1}{2} \right)^{n-1}$ でも $\left(\frac{1}{2} \right)^{n+1}$ などでも $n \to \infty$ のとき，$\frac{1}{2}$ をたくさんたくさんかけることに変わりはないわけだから，すべて 0 に収束する。

(2) 部分和 $S_n = \sum_{k=1}^{n} \left\{ \dfrac{1}{(k+1)^2} - \dfrac{1}{k^2} \right\}$ ◀ 第 n 項までの和 について，

> $(J_{k+1} - J_k)$ の形。これは $-(J_k - J_{k+1})$ とした方が計算しやすい。

部分和 $S_n = \sum_{k=1}^{n} (-1) \left\{ \dfrac{1}{k^2} - \dfrac{1}{(k+1)^2} \right\}$

> $\sum (-1) \cdot \alpha_k = -1 \cdot \sum \alpha_k$ となるからね。

$\underbrace{}_{(J_k - J_{k+1}) \text{ の形}}$

$$= -\sum_{k=1}^{n} \left\{ \frac{1}{k^2} - \frac{1}{(k+1)^2} \right\}$$

> 途中がバサバサ…と消える！

$$= -\left\{ \underbrace{\left(\frac{1}{1^2} - \frac{1}{2^2} \right)}_{k=1 \text{ のとき}} + \underbrace{\left(\frac{1}{2^2} - \frac{1}{3^2} \right)}_{k=2 \text{ のとき}} + \underbrace{\left(\frac{1}{3^2} - \frac{1}{4^2} \right)}_{k=3 \text{ のとき}} + \cdots + \underbrace{\left(\frac{1}{n^2} - \frac{1}{(n+1)^2} \right)}_{k=n \text{ のとき}} \right\}$$

$$= -\left\{ \frac{1}{1^2} - \frac{1}{(n+1)^2} \right\} = -1 + \frac{1}{(n+1)^2}$$

> まず，部分和 S_n を求めて，$\lim_{n \to \infty} S_n$ から無限級数 S を求める！

よって，求める無限級数 S は，

$$S = \sum_{k=1}^{\infty} \left\{ \frac{1}{(k+1)^2} - \frac{1}{k^2} \right\} = \lim_{n \to \infty} S_n = \lim_{n \to \infty} \left\{ -1 + \frac{1}{\boxed{(n+1)^2}}_{\infty} \right\}$$

$$= -1 + \boxed{\frac{1}{\infty}}^{\,0} = -1 \quad \text{となって答えだ。}$$

171

では次に，$\displaystyle\sum_{k=1}^{n}(I_k - I_{k+1})$ の形の数列の和と "**はさみ打ちの原理**" を組み合せた融合問題にもチャレンジしてみよう。

練習問題 50	無限級数とはさみ打ちの原理	CHECK 1	CHECK2	CHECK3

次の数列の和 $S_n = \displaystyle\sum_{k=1}^{n}\left\{\sin\frac{k\pi}{6} - \sin\frac{(k+1)\pi}{6}\right\}$ を求め，

極限 $\displaystyle\lim_{n\to\infty}\frac{S_n}{n}$ を求めよ。

S_n は，$S_n = \displaystyle\sum_{k=1}^{n}(I_k - I_{k+1})$ の形をしているので，部分分数分解型の Σ 計算により，途中の項が消去されて，$S_n = I_1 - I_{n+1}$ となる。ここで，極限 $\displaystyle\lim_{n\to\infty}\frac{S_n}{n}$ を求めるためには，はさみ打ちの原理を利用すればいいんだね。頑張ろう！

与えられた数列の部分和 S_n を求めると，

$$S_n = \sum_{k=1}^{n}\left\{\underbrace{\sin\frac{k\pi}{6}}_{\boxed{I_k}} - \underbrace{\sin\frac{(k+1)\pi}{6}}_{\boxed{I_{k+1}}}\right\}$$

$$\begin{aligned}S_n &= \sum_{k=1}^{n}(I_k - I_{k+1})\\ &= (I_1 - I_2) + (I_2 - I_3)\\ &\quad + (I_3 - I_4) + \cdots + (I_n - I_{n+1})\\ &= I_1 - I_{n+1} \ \text{となる。}\end{aligned}$$

$$= \left(\underbrace{\sin\frac{1\cdot\pi}{6}}_{\boxed{I_1}} - \underbrace{\sin\frac{2\pi}{6}}_{\boxed{I_2}}\right) + \left(\underbrace{\sin\frac{2\pi}{6}}_{\boxed{I_2}} - \underbrace{\sin\frac{3\pi}{6}}_{\boxed{I_3}}\right)$$

$$+ \left(\underbrace{\sin\frac{3}{6}\pi}_{\boxed{I_3}} - \underbrace{\sin\frac{4\pi}{6}}_{\boxed{I_4}}\right) + \cdots + \left(\underbrace{\sin\frac{n\pi}{6}}_{\boxed{I_n}} - \underbrace{\sin\frac{(n+1)\pi}{6}}_{\boxed{I_{n+1}}}\right)$$

$$= \underbrace{\sin\frac{\pi}{6}}_{\boxed{\frac{1}{2}}} - \sin\frac{(n+1)\pi}{6}$$

$$\therefore S_n = \frac{1}{2} - \sin\frac{(n+1)\pi}{6} \quad \cdots\cdots\text{①} \quad (n = 1,\ 2,\ 3,\ \cdots) \ \text{となる。}$$

172

ここで，$n = 1, 2, 3, \cdots$ と変化すると，$\sin\dfrac{(n+1)\pi}{6}$ の値も変化する。しかし，この変化の範囲は $-1 \leqq \sin\dfrac{(n+1)\pi}{6} \leqq 1$ に過ぎないので，①を n で割って $n \to \infty$ とした場合，$\lim\limits_{n \to \infty}\dfrac{S_n}{n} = 0$ となることは，明らかだね。ただし，これを数学的にキチンと示すためには，"はさみ打ちの原理" を用いる必要があるんだね。

ここで，①の右辺の第 2 項 $\sin\dfrac{(n+1)\pi}{6}$　$(n = 1, 2, 3, \cdots)$ の取り得る値の範囲は，$-1 \leqq \sin\dfrac{(n+1)\pi}{6} \leqq 1$ より，この各辺に -1 をかけて，

$$-1 \leqq -\sin\dfrac{(n+1)\pi}{6} \leqq 1$$

$1 \geqq -\sin\dfrac{(n+1)\pi}{6} \geqq -1$
(負の数をかけたので，不等号の向きが逆転する。)

この各辺に $\dfrac{1}{2}$ をたして，

$$\dfrac{1}{2} - 1 \leqq \underbrace{\dfrac{1}{2} - \sin\dfrac{(n+1)\pi}{6}}_{S_n} \leqq \dfrac{1}{2} + 1 \ \text{より，} \ -\dfrac{1}{2} \leqq S_n \leqq \dfrac{3}{2} \ \cdots\cdots ② \ \text{となる。}$$

②の各辺を $n(>0)$ で割って，

$$-\dfrac{1}{2n} \leqq \dfrac{S_n}{n} \leqq \dfrac{3}{2n} \ \cdots\cdots ③$$

これで，$\dfrac{S_n}{n}$ についての "はさみ打ち" の形が完成した！後は，$n \to \infty$ の極限をとるだけだね。

③の各辺の $n \to \infty$ の極限をとると，

$$\lim_{n \to \infty}\underbrace{\left(-\dfrac{1}{2n}\right)}_{\boxed{0}} \leqq \lim_{n \to \infty}\dfrac{S_n}{n} \leqq \lim_{n \to \infty}\underbrace{\dfrac{3}{2n}}_{\boxed{0}} \ \text{となり，}$$

左，右の辺の極限が共に 0 に収束するので，はさみ打ちの原理より，

極限 $\lim\limits_{n \to \infty}\dfrac{S_n}{n}$ も 0 に収束する。

$\therefore \lim\limits_{n \to \infty}\dfrac{S_n}{n} = 0$　となって，答えだ。

どう？無限級数とはさみ打ちの融合問題だったんだけれど，もうそんなに難しくは感じないでしょう？実力が付いてきた証拠だね！

173

● 無限級数の性質も押さえよう！

今日の最後に，収束する無限級数についても，収束する数列の極限と同様の次のような性質があるんだね。

無限級数の性質

2つの無限級数 $\displaystyle\sum_{k=1}^{\infty} a_k$ と $\displaystyle\sum_{k=1}^{\infty} b_k$ が収束して，$\displaystyle\sum_{k=1}^{\infty} a_k = S$，$\displaystyle\sum_{k=1}^{\infty} b_k = T$ とする。

このとき，次の公式が成り立つ。

(1) $\displaystyle\sum_{k=1}^{\infty} pa_k = pS$ （p：実数定数）

(2) $\displaystyle\sum_{k=1}^{\infty} (a_k + b_k) = S + T$　　　(3) $\displaystyle\sum_{k=1}^{\infty} (a_k - b_k) = S - T$

それでは，この無限級数の性質についても，次の練習問題で実践練習しておこう。

練習問題 51　　**無限等比級数の性質**　　CHECK 1　　CHECK 2　　CHECK 3

無限級数 $\displaystyle\sum_{k=1}^{\infty} \dfrac{3^k + 2^k}{6^k}$ の和を求めよ。

これは，2つの収束する無限等比級数の和として解けばいいんだね。今日，最後の問題だ！頑張ろうな!!

与えられた無限級数を変形すると，

$$\sum_{k=1}^{\infty} \frac{3^k + 2^k}{6^k} = \sum_{k=1}^{\infty} \left(\frac{3^k}{6^k} + \frac{2^k}{6^k} \right) = \sum_{k=1}^{\infty} \left\{ \left(\frac{3}{6} \right)^k + \left(\frac{2}{6} \right)^k \right\}$$

$$= \sum_{k=1}^{\infty} \left\{ \left(\frac{1}{2} \right)^k + \left(\frac{1}{3} \right)^k \right\}$$

$$= \underset{(\text{i})}{\underline{\sum_{k=1}^{\infty} \left(\frac{1}{2} \right)^k}} + \underset{(\text{ii})}{\underline{\sum_{k=1}^{\infty} \left(\frac{1}{3} \right)^k}} \quad \cdots\cdots ① \quad となって，2つの収束する無$$

限等比級数の和になるんだね。

174

よって，それぞれの無限等比級数を求めると，

（ i ）$\displaystyle\sum_{k=1}^{\infty}\left(\frac{1}{2}\right)^{k}=\sum_{k=1}^{\infty}\underset{a}{\frac{1}{2}}\cdot\underset{r^{k-1}}{\left(\frac{1}{2}\right)^{k-1}}=\frac{\overset{a}{\frac{1}{2}}}{1-\underset{r}{\frac{1}{2}}}=\frac{1}{2-1}$ ← 分子・分母に 2 をかけた $=\underset{\sim}{1}$

（ ii ）$\displaystyle\sum_{k=1}^{\infty}\left(\frac{1}{3}\right)^{k}=\sum_{k=1}^{\infty}\underset{a}{\frac{1}{3}}\cdot\underset{r^{k-1}}{\left(\frac{1}{3}\right)^{k-1}}=\frac{\overset{a}{\frac{1}{3}}}{1-\underset{r}{\frac{1}{3}}}=\frac{1}{3-1}$ ← 分子・分母に 3 をかけた $=\frac{1}{2}$

以上 (i)，(ii) の結果を①に代入して，

$\displaystyle\sum_{k=1}^{\infty}\frac{3^{k}+2^{k}}{6^{k}}=\underset{\sim}{1}+\frac{1}{2}=\frac{3}{2}$ 　となって，答えだ！大丈夫だった？

　以上で，Σ 計算と極限，無限級数の講義も終了です。今日も盛り沢山の内容だったから，何度も反復練習して，完璧にマスターできるように努力してくれ。毎日コツコツやる努力が受験にも対応できる実力を育てていくことを忘れないでくれ。じゃあ，次回で，"**数列の極限**" の章も最終回に，っていうより，この「**初めから始める数学 Ⅲ Part1**」の最終回講義になるんだけれど，最後まで，分かりやすく丁寧に教えるから，また楽しみにしてほしい。それでは，次回の最終講義まで，みんな元気でな。さようなら…。

175

12th day 数列の漸化式と極限

みんな，おはよう！今日で「初めから始める数学 III Part1」もいよいよ最終講義になる。最後のテーマは，"数列の漸化式と極限"なんだね。これは，教科書では簡単にしか扱われていないけれど，受験では頻出テーマになる可能性が高いと思うので，この最終講義で，その基本をシッカリ解説しておこう。

漸化式を解いて，一般項 a_n を求め，その極限 $\lim_{n \to \infty} a_n$ を求めることが，今日の主題だ。サァ，早速講義を始めよう！

● a_n と a_{n+1} の関係式，それが漸化式だ！

数列 $\{a_n\}$ の漸化式というのは，さまざまな変形バージョンがあるんだけれど，基本的にはまず，"a_n と a_{n+1} との間の関係式"のことだと覚えてくれていいよ。そして，この漸化式から，一般項 a_n を n の式で求めることを，"漸化式を解く"というんだよ。この漸化式を解く際に，初項 a_1 の値は当然必要となる。

それでは，一番簡単な"等差数列型の漸化式"から解説しよう。一般に，初項 $a_1 = a$，公差 d の等差数列 $\{a_n\}$ は，a_1 に d をたしたものが a_2 に，a_2 に d をたしたものが a_3 に，……となるので，

$a_2 = a_1 + d$，$a_3 = a_2 + d$，$a_4 = a_3 + d$，… となるね。

よって，第 n 項 a_n に公差 d をたしたものが第 $n+1$ 項 a_{n+1} となるので，等差数列型漸化式は，

$a_{n+1} = a_n + d$ $(n = 1, 2, 3, \cdots)$ ← a_n と a_{n+1} との間の関係式だ。

となる。そして，これに，初項 $a_1 = a$ の値が与えられると，その一般項は，$a_n = a + (n-1)d$ $(n = 1, 2, 3, \cdots)$ となるんだね。これをこの漸化式の**解**というんだよ。

以上をまとめて，次に示そう。

176

等差数列型の漸化式とその解

$$\begin{cases} a_1 = a \\ a_{n+1} = a_n + d \quad (n = 1, 2, 3, \cdots) \end{cases}$$ ← 等差数列型の漸化式

このとき，この漸化式を解いて，

一般項 $a_n = a + (n-1)d \quad (n = 1, 2, 3, \cdots)$ となる。← これが，この漸化式の解だ。

簡単だろう？ 漸化式についてもだんだんと思い出してきた？ いいね。

たとえば， $\begin{cases} a_1 = 3 &\text{← 初項 } a = 3 \\ a_{n+1} = a_n - 2 \quad (n = 1, 2, 3, \cdots) &\text{← 公差 } d = -2 \end{cases}$

の漸化式が与えられたならば，これから初項 $a = 3$ ，公差 $d = -2$ の等差数列とわかるので，この一般項 (解)a_n は，

$a_n = a + (n-1) \cdot d = 3 + (n-1) \cdot (-2) = 3 - 2n + 2$ より，

$a_n = -2n + 5 \quad (n = 1, 2, 3, \cdots)$ となるんだね。

それでは，次の練習問題をやってごらん。ここでは極限の要素も入ってくる。

練習問題 52 　等差数列型漸化式と極限　CHECK 1　CHECK 2　CHECK 3

数列 $\{b_n\}$ が， $b_1 = 4$ ， $b_{n+1} = b_n + 3 \quad (n = 1, 2, 3, \cdots)$ で定義されるとき，

極限 $\lim\limits_{n \to \infty} \dfrac{b_{2n}}{b_{n+2}}$ を求めよ。

数列 $\{b_n\}$ は，初項 $b_1 = 4$ ，公差 $d = 3$ の等差数列なので，一般項 b_n はすぐに求まるね。後は， b_{n+2} と b_{2n} を求めて，極限の式にもち込むんだよ。

漸化式 $\begin{cases} b_1 = 4 \\ b_{n+1} = b_n + 3 \quad (n = 1, 2, 3, \cdots) \end{cases}$ より， → 初項 $b_1 = 4$ ，公差 $d = 3$ の等差数列

一般項 b_n は， $b_n = 4 + (n-1) \cdot 3$

$\therefore b_n = 3n + 1 \quad (n = 1, 2, 3, \cdots)$ となる。

177

よって，$b_{n+2}=3(n+2)+1$

> $b_n=3n+1$ の
> n に $n+2$ を代入した！

$\qquad\qquad\ =3n+7$

$\qquad b_{2n}=3\cdot 2n+1$

> $b_n=3n+1$ の
> n に $2n$ を代入した！

$\qquad\qquad\ =6n+1$

以上より，求める極限は，

$$\lim_{n\to\infty}\frac{b_{2n}}{b_{n+2}}=\lim_{n\to\infty}\frac{6n+1}{3n+7}\quad\left[\frac{1 次の\infty（同じ強さの\infty）}{1 次の\infty（同じ強さの\infty）}\right]$$

$$=\lim_{n\to\infty}\frac{6+\dfrac{1}{n}}{3+\dfrac{7}{n}}$$

> 分子・分母を
> n で割った。

$$=\frac{6}{3}=2\quad となって，答えだ！\quad 納得いった？$$

● 等比数列型の漸化式と極限にも挑戦しよう！

　次，"等比数列型の漸化式" とその解（一般項のこと）についても解説しよう。初項 $a_1=a$，公比 r の等比数列 $\{a_n\}$ は，a_1 に r をかけたものが a_2，そして a_2 に r をかけたものが a_3，… となるので，

$\quad a_2=r\cdot a_1$, $a_3=r\cdot a_2$, $a_4=r\cdot a_3$, … となる。

よって，第 n 項 a_n に公比 r をかけたものが，第 $n+1$ 項 a_{n+1} になるので，等比数列型の漸化式は，

$\quad a_{n+1}=r\cdot a_n\ (n=1,\ 2,\ 3,\ \cdots)$

> a_n と a_{n+1} との
> 間の関係式だ。

となるんだね。そして，これは初項 $a_1=a$ の値が与えられると，その一般項は，$a_n=a\cdot r^{n-1}\ (n=1,\ 2,\ 3,\ \cdots)$ となるから，これがこの漸化式の解なんだ。

　以上をまとめて，示すよ。

178

等比数列型の漸化式とその解

$$\begin{cases} a_1 = a \\ a_{n+1} = r \cdot a_n \quad (n = 1, 2, 3, \cdots) \end{cases}$$ ← 等比数列型の漸化式

このとき，この漸化式を解いて，

一般項 $a_n = a \cdot r^{n-1}$ $(n = 1, 2, 3, \cdots)$ となる。 ← これが，この漸化式の解だ。

これも，例題で練習しておこう。

$$\begin{cases} a_1 = 5 \quad \text{初項 } a = 5 \\ a_{n+1} = \dfrac{1}{2} \cdot a_n \quad (n = 1, 2, 3, \cdots) \quad \text{公比 } r = \dfrac{1}{2} \end{cases}$$

の漸化式が与えられたならば，これから初項 $a = 5$，公比 $r = \dfrac{1}{2}$ の等比数列

とわかるので，この一般項 (解)a_n は，

$$a_n = a \cdot r^{n-1} = 5 \cdot \left(\frac{1}{2}\right)^{n-1} \quad (n = 1, 2, 3, \cdots) \text{ となるんだね。}$$

エッ，この $n \to \infty$ のときの極限はどうなるのかって？ これは，前にも解説したけど，$-1 < r < 1$ のとき，公式から $\displaystyle\lim_{n \to \infty} r^n = 0$ だったね。ここで，$n \to \infty$ にするとき，この r をたくさんたくさんかけて 0 に限りなく近づくということでは，$\displaystyle\lim_{n \to \infty} r^{n-1}$ も 0 に収束するといえる。よって，この a_n の極限は，

$$\lim_{n \to \infty} a_n = \lim_{n \to \infty} 5 \cdot \boxed{\left(\frac{1}{2}\right)^{n-1}} = 5 \times 0 = 0 \text{ に収束するんだね。大丈夫だった？}$$

（ボックス下に）0

それでは，等比数列型の漸化式についても，その一般項 (解) を使った極限の問題を，次の練習問題 **53** で練習しておこう。

練習問題 53　　等比数列型漸化式と極限　CHECK 1　CHECK 2　CHECK 3

数列 $\{b_n\}$ が，$b_1 = 3$，$b_{n+1} = 2 \cdot b_n$ $(n = 1, 2, 3, \cdots)$ で定義されるとき，

極限 $\displaystyle\lim_{n \to \infty} \dfrac{b_n(b_n + 1)}{b_{2n}}$ を求めよ。

数列 $\{b_n\}$ は，初項 3，公比 $r = 2$ の等比数列だから，一般項 b_n はすぐに求まるね。
後は，b_{2n} は b_n の n に $2n$ を代入することにより求まる。

漸化式 $\begin{cases} b_1 = 3 \\ b_{n+1} = 2 \cdot b_n \ \ (n = 1, 2, 3, \cdots) \ \ \text{より，} \end{cases}$ 　初項 $b_1 = 3$，公比 $r = 2$ の等比数列

一般項 b_n は $b_n = 3 \cdot 2^{n-1}$ となる。

よって，$b_{2n} = 3 \cdot 2^{2n-1}$ ← $b_n = 3 \cdot 2^{n-1}$ の n に $2n$ を代入したもの。

以上より，求める極限は，

$$\lim_{n \to \infty} \frac{b_n(b_n + 1)}{b_{2n}} = \lim_{n \to \infty} \frac{\cancel{3} \cdot 2^{n-1}(3 \cdot 2^{n-1} + 1)}{\cancel{3} \cdot 2^{2n-1}}$$

$$= \lim_{n \to \infty} \frac{3 \cdot 2^{2n-2} + 2^{n-1}}{2^{2n-1}} \qquad 2^{n-1} \cdot 2^{n-1} = 2^{n-1+n-1} = 2^{2n-2}$$

$$= \lim_{n \to \infty} \left(3 \cdot \boxed{\frac{2^{2n-2}}{2^{2n-1}}} + \boxed{\frac{2^{n-1}}{2^{2n-1}}} \right)$$

指数法則
$$\frac{2^m}{2^n} = 2^{m-n}$$
を使った。

$\boxed{2^{2n-2-(2n-1)} = 2^{-1} = \dfrac{1}{2}}$ 　$\boxed{2^{n-1-(2n-1)} = 2^{-n} = \dfrac{1}{2^n}}$

$$= \lim_{n \to \infty} \left(\frac{3}{2} + \boxed{\frac{1}{2^n}} \right) = \lim_{n \to \infty} \left\{ \frac{3}{2} + \boxed{\left(\frac{1}{2}\right)^n} \right\} = \frac{3}{2} \quad \text{となって答えだ。}$$

$\boxed{\dfrac{1^n}{2^n} = \left(\dfrac{1}{2}\right)^n}$ 　　0

指数法則も，間違いなく使えるように練習してくれ！

180

● 階差数列型の漸化式と極限も練習しよう！

初項が与えられていて，$a_{n+1} - a_n = b_n$ ……㋐ $(n = 1, 2, 3, \cdots)$ で与えら

> これが，もし定数 d であれば，$a_{n+1} - a_n = d$ となって等差数列型の漸化式になる。

れる漸化式のことを "**階差数列型の漸化式**" というんだよ。これは，等差

数列型のものと似てるけれど，一般項 a_n の求め方は，まったく異なるの

で気を付けよう。これから解説するよ。

まず，㋐の n が，1 のとき，2 のとき，3 のとき，……，$n-1$ のときを

下に並べて書くよ。

$a_2 - a_1 = b_1$ ← $n=1$ のとき，$a_{1+1} - a_1 = b_1$

$a_3 - a_2 = b_2$ ← $n=2$ のとき，$a_{2+1} - a_2 = b_2$

$a_4 - a_3 = b_3$ ← $n=3$ のとき，$a_{3+1} - a_3 = b_3$

$\cdots\cdots\cdots\cdots$

> これは，㋐の n に $n-1$ を代入するという意味だよ。

$a_n - a_{n-1} = b_{n-1}$ ← $n=n-1$ のとき，$a_{n-1+1} - a_{n-1} = b_{n-1}$

そうして，これら左辺同士，右辺同士を全部たし合わせてみよう。すると，

$$(a_2 - a_1) + (a_3 - a_2) + (a_4 - a_3) + \cdots + (a_n - a_{n-1}) = b_1 + b_2 + b_3 + \cdots + b_{n-1}$$

> 途中がバサバサ……と消えて，$-a_1 + a_n$ のみ残る。

> これは，$\sum\limits_{k=1}^{n-1} b_k$ と書ける。

よって，$a_n - a_1 = \sum\limits_{k=1}^{n-1} b_k$ から

> n は 2 スタート

$$a_n = a_1 + \sum_{k=1}^{n-1} b_k \quad \cdots\cdots ㋑ \quad (n = 2, 3, 4, \cdots) \text{ となる。}$$

なぜ，n は 2 スタートなのかって？ ポイントは，$\sum\limits_{k=1}^{n-1} b_k$ だね。たとえば，

$\sum\limits_{k=1}^{3} b_k = b_1 + b_2 + b_3$ だし，$\sum\limits_{k=1}^{2} b_k = b_1 + b_2$ だね。そして，$\sum\limits_{k=1}^{1} b_k = b_1$ となる。

でも，$\sum\limits_{k=1}^{0} b_k = ??$ だろう。つまり，$\sum\limits_{k=1}^{0} b_k$ は定義できない。だから，$\sum\limits_{k=1}^{n-1} b_k$

> $n=1$ のとき，$\sum\limits_{k=1}^{0} b_k$ となる。

が定義できるのは $n = 2, 3, \cdots$ となるので，㋑は厳密には一般項ではないよ。

181

a_1 だけは別に示さないといけないからだ。納得いった？

それでは，以上のことを下にまとめて示しておこう。

■ 階差数列型の漸化式とその解

$$\begin{cases} a_1 = a \\ a_{n+1} - a_n = b_n \quad (n = 1, 2, 3, \cdots) \end{cases}$$

← 階差数列型の漸化式

このとき，この漸化式を解いて，

$n = 2, 3, 4, \cdots$ で，$a_n = a_1 + \sum_{k=1}^{n-1} b_k$ となる。 ← これが，この漸化式の解だ。

階差数列型の漸化式の場合，その解の a_n は $n \geqq 2$ でしか定義できないけれど，上の式で得られた a_n の式の n に 1 を代入して，成り立てば，晴れて一般項 a_n として扱えるんだね。

それでは，階差数列型漸化式と極限の問題も，次の練習問題で練習してみよう。

練習問題 54 | 階差数列型漸化式と極限 | CHECK 1 | CHECK 2 | CHECK 3

数列 $\{a_n\}$ が，$a_1 = 1$，$a_{n+1} - a_n = \left(\dfrac{1}{2}\right)^n$ $(n = 1, 2, 3, \cdots)$ で定義される

とき，極限 $\lim_{n \to \infty} a_n$ を求めよ。

階差数列型の漸化式だから，$n \geqq 2$ で，$a_n = a_1 + \sum_{k=1}^{n-1} \left(\dfrac{1}{2}\right)^k$ から，a_n を求める。
ここで，この $\sum$ 計算は $k = 1$ から $n - 1$ までの和であることに気を付けよう！

漸化式 $\begin{cases} a_1 = 1 \\ a_{n+1} - a_n = \boxed{\left(\dfrac{1}{2}\right)^n} \quad (n = 1, 2, 3, \cdots) \end{cases}$

b_n のこと

$\begin{pmatrix} a_{n+1} - a_n = b_n \text{ のとき，} \\ n \geqq 2 \text{ で，} \\ a_n = a_1 + \sum_{k=1}^{n-1} b_k \text{ だね。} \end{pmatrix}$

を解くと，

182

$n \geq 2$ で，

$$a_n = \underset{1}{\boxed{a_1}} + \underbrace{\sum_{k=1}^{n-1} \overbrace{\left(\frac{1}{2}\right)^k}^{b_k \text{ のこと}}}$$

$\frac{1}{2} + \left(\frac{1}{2}\right)^2 + \left(\frac{1}{2}\right)^3 + \cdots + \left(\frac{1}{2}\right)^{n-1}$ より，これは初項 $a = \frac{1}{2}$，公比 $r = \frac{1}{2}$，項数 $n-1$

の等比数列の和だから，$\dfrac{a(1 - r^{\overbrace{n-1}^{\text{項数}}})}{1-r} = \dfrac{\frac{1}{2}\left\{1 - \left(\frac{1}{2}\right)^{n-1}\right\}}{1 - \frac{1}{2}}$ となる。

$$= 1 + \frac{\frac{1}{2}\left\{1 - \left(\frac{1}{2}\right)^{n-1}\right\}}{1 - \frac{1}{2}} = 1 + \frac{\frac{1}{2}\left\{1 - \left(\frac{1}{2}\right)^{n-1}\right\}}{\frac{1}{2}}$$

$$= 1 + 1 - \left(\frac{1}{2}\right)^{n-1}$$

$$\therefore a_n = \underset{\boxed{2 \text{ スタート}}}{2} - \left(\frac{1}{2}\right)^{n-1} \quad (n = 2, 3, 4, \cdots) \quad \text{となる。}$$

これは，$n = 1$ のときは，定義されていないんだけれど，これに $n = 1$ を代入すると，

$$a_1 = 2 - \underbrace{\left(\frac{1}{2}\right)^{1-1}}_{\boxed{\left(\frac{1}{2}\right)^0 = 1}} = 2 - 1 = 1 \text{ となって，} a_1 = 1 \text{ の条件をみたすね。}$$

$\boxed{n \text{ は，1 スタートとなって，} a_n \text{ は一般項と言える！}}$

$$\therefore a_n = 2 - \left(\frac{1}{2}\right)^{n-1} \quad (n = 1, 2, 3, \cdots) \text{ であり，この } n \to \infty \text{ の極限は，}$$

$$\lim_{n \to \infty} a_n = \lim_{n \to \infty} \left\{2 - \underset{0}{\boxed{\left(\frac{1}{2}\right)^{n-1}}}\right\} = 2 \quad \text{となって，答えだね。}$$

それでは，少し応用問題になるけど，階差数列型の漸化式と極限の練習問題をもう 1 題。頑張って解いてみよう！

183

練習問題 55　階差数列型漸化式と極限　CHECK**1**　CHECK**2**　CHECK**3**

常に負の値をとる数列 $\{a_n\}$ が

$a_1 = -1,\ \ a_{n+1} - a_n = 2na_na_{n+1} \cdots\cdots \textcircled{1}\ \ \ (n = 1,\ 2,\ 3,\ \cdots)$

で定義される。このとき，次の各問いに答えよ。

(1) $b_n = \dfrac{1}{a_n}$ とおいて，b_n と b_{n+1} の関係式を導き，一般項 b_n と

$a_n\ (n = 1,\ 2,\ 3,\ \cdots)$ を求めよ。

(2) 極限 $\displaystyle\lim_{n\to\infty} n^2 a_n$ を求めよ。

---

(1) ①を変形して，$\dfrac{1}{a_{n+1}} - \dfrac{1}{a_n} = -2n$ となるので，階差数列の漸化式 $b_{n+1} - b_n = -2n$ が導ける。よって，これを解いて，一般項 b_n と a_n を求めよう。(2) 極限 $\displaystyle\lim_{n\to\infty} n^2 a_n$ は $\dfrac{(2次の\infty)}{(2次の-\infty)}$ の形になるはずだ。これも頑張って求めよう！

---

(1) 漸化式：$a_1 = -1,\ \ a_{n+1} - a_n = 2na_na_{n+1} \cdots\cdots \textcircled{1}\ \ \ (n = 1,\ 2,\ 3,\ \cdots)$

について，$a_n < 0$ より，①の両辺を $\underset{\ominus\ \ \ominus}{a_na_{n+1}}\ (>0)$ で割ると，

$\dfrac{a_{n+1} - a_n}{a_na_{n+1}} = 2n,\ \ \ \dfrac{a_{n+1}}{a_na_{n+1}} - \dfrac{a_n}{a_na_{n+1}} = 2n$

$\dfrac{1}{a_n} - \dfrac{1}{a_{n+1}} = 2n\ \ \ \ $ この両辺に -1 をかけて，

$\underset{\boxed{b_{n+1}}}{\dfrac{1}{a_{n+1}}} - \underset{\boxed{b_n}}{\dfrac{1}{a_n}} = -2n \cdots\cdots \textcircled{2}\ \ $ となる。ここで，$b_n = \dfrac{1}{a_n}\ \ \left(b_{n+1} = \dfrac{1}{a_{n+1}}\right)$ と

おくと，②は，$b_{n+1} - b_n = -2n\ \ \ (n = 1,\ 2,\ 3,\ \cdots)$ となる。

また，$b_1 = \dfrac{1}{a_1} = \dfrac{1}{-1} = -1$ より，

階差数列型の漸化式

$\begin{cases} b_1 = -1 \\ b_{n+1} - b_n = \underset{\boxed{c_n とおく。}}{-2n} \cdots\cdots \textcircled{3} \end{cases}\ \ (n = 1,\ 2,\ 3,\ \cdots)$ が導ける。

> $b_{n+1} - b_n = c_n$ のとき，
> $n \geq 2$ で，
> $b_n = b_1 + \displaystyle\sum_{k=1}^{n-1} c_k$ となる。

184

よって，$n \geqq 2$ で，

$$b_n = \underbrace{b_1}_{-1} + \sum_{k=1}^{n-1} \underbrace{(-2k)}_{c_k} = -1 - 2\underbrace{\sum_{k=1}^{n-1} k}_{\frac{1}{2}n(n-1)}$$

> Σ 計算の公式：
> $\sum_{k=1}^{n} k = \frac{1}{2}n(n+1)$ より，
> $\sum_{k=1}^{n-1} k = \frac{1}{2}(n-1)(n-1+1)$
> $\qquad\qquad = \frac{1}{2}n(n-1)$ となる。

$$= -1 - 2 \cdot \frac{1}{2}n(n-1) = -1 - n^2 + n$$

$$\therefore b_n = -n^2 + n - 1 \quad \cdots\cdots ③ \quad (n = 2,\ 3,\ 4,\ \cdots)$$

> n は，2 スタート。

ここで，③に $n = 1$ を代入すると，

$b_1 = -1^2 + 1 - 1 = -1$ となって，$b_1 = -1$ をみたす。よって，数列 $\{b_n\}$ の一般項は，$b_n = -n^2 + n - 1 \quad \cdots\cdots ③' \quad (n = 1,\ 2,\ 3,\ \cdots)$

> n は 1 スタートなので，これは一般項だね。

③′ より，$b_n = \dfrac{1}{a_n} = -n^2 + n - 1$　　これから，数列 $\{a_n\}$ の一般項は，

$$a_n = \frac{1}{-n^2 + n - 1} \quad \cdots\cdots ④ \quad (n = 1,\ 2,\ 3,\ \cdots)$$ となるんだね。大丈夫だった？

(2) ④より，極限 $\displaystyle\lim_{n \to \infty} n^2 a_n$ を求めると，

$$\lim_{n \to \infty} n^2 a_n = \lim_{n \to \infty} \frac{n^2}{-n^2 + n - 1}$$

> これは，$\dfrac{(2次の\infty)}{(2次の-\infty)}$ の不定形なので，分子・分母を n^2 で割ればいいんだね。

$$= \lim_{n \to \infty} \frac{1}{-1 + \underbrace{\dfrac{1}{n}}_{0} - \underbrace{\dfrac{1}{n^2}}_{0}}$$

$$= \frac{1}{-1 + 0 - 0} = -1$$ となって，答えだ！

　この練習問題は数列の逆数を取ったりして，結構レベルが高い問題だったんだけれど，面白かったでしょう？これで階差数列型の漸化式と極限の解説は終了です。

185

● $F(n+1) = r \cdot F(n)$ 型の漸化式の極限は最重要テーマだ！

さァ，それでは，漸化式の中でも最も重要な "等比関数列型の漸化式"
についても勉強しよう。これは，等比数列型の漸化式とまったく同じ構造
をしているので，この2つを対比して，並べて示そう。

等比関数列型の漸化式	等比数列型の漸化式
$F(n+1) = r \cdot F(n)$ のとき， $F(n) = F(1) \cdot r^{n-1}$ と変形できる。 　$(n = 1, 2, 3, \cdots)$	$a_{n+1} = r \cdot a_n$ のとき， $a_n = a_1 \cdot r^{n-1}$ と変形できる。 　$(n = 1, 2, 3, \cdots)$

等比数列の漸化式として，$a_{n+1} = r \cdot a_n$ と与えられたら，その一般項は
$a_n = a_1 \cdot r^{n-1}$ で求められたよね。これと同様に，$F(n)$ を "ある n の式" と
考えて，$F(n+1) = r \cdot F(n)$ の形の式が与えられたならば，これは
$F(n) = F(1) \cdot r^{n-1}$ と変形できるんだ。この例を2つ紹介しておこう。

(ex1) $a_{n+1} + 3 = 4(a_n + 3)$ ならば，

$[F(n+1) = 4 \cdot F(n)]$ 　　　　　アッという間

$a_n + 3 = (a_1 + 3) \cdot 4^{n-1}$ と変形できる。

$[F(n) = \underline{F(1)} \cdot 4^{n-1}]$

> $F(n) = a_n + 3$ とおくと，これは n の式なので，$a+3$ はいじらずに，
> ・n の代わりに $n+1$ を代入したものが，$F(n+1) = a_{n+1} + 3$ となり，
> ・n の代わりに 1 を代入したものが，$F(1) = a_1 + 3$ となるんだね。

(ex2) $b_{n+1} - 5 = 2(b_n - 5)$ ならば

$[F(n+1) = 2 \cdot F(n)]$ 　　　　　アッという間

$b_n - 5 = (b_1 - 5) \cdot 2^{n-1}$ と変形できる。

$[F(n) = \underline{F(1)} \cdot 2^{n-1}]$

> $F(n) = b_n - 5$ とおくと，$F(n+1) = b_{n+1} - 5$，$F(1) = b_1 - 5$ となり，
> $F(n+1) = 2 \cdot F(n)$ ならば，$F(n) = F(1) \cdot 2^{n-1}$ と変形できる。

186

どう？ 等比関数列型の漸化式 $[F(n+1)=r\cdot F(n)]$ にも慣れてきた？
それでは，これと極限を絡めた問題を，次の練習問題で練習しよう。

| **練習問題 56** | 等比関数列型漸化式と極限 | CHECK 1 | CHECK 2 | CHECK 3 |

次の問いに答えよ。

(1) 数列 $\{b_n\}$ が，$b_1=5$，$b_{n+1}-2=\dfrac{1}{2}(b_n-2)$ $(n=1,2,3,\cdots)$ で

定義されるとき，極限 $\displaystyle\lim_{n\to\infty}b_n$ を求めよ。

(2) 数列 $\{c_n\}$ が，$c_1=1$，$c_{n+1}+1=-\dfrac{1}{3}(c_n+1)$ $(n=1,2,3,\cdots)$ で

定義されるとき，極限 $\displaystyle\lim_{n\to\infty}c_n$ を求めよ。

---

(1)，(2) 共に，$F(n+1)=r\cdot F(n)$ の形の漸化式なので，これを $F(n)=F(1)\cdot$
r^{n-1} と変形して，まず一般項を求め，それから極限値を求めればいいんだね。
頑張ろう！

(1) $\begin{cases} b_1=5, \\[2mm] \underline{b_{n+1}-2}=\dfrac{1}{2}\underline{(b_n-2)} \cdots\cdots① \quad (n=1,2,3,\cdots) \end{cases}$

$\left[F(n+1)=\dfrac{1}{2}\cdot F(n) \right]$

①を変形して，

（アッという間）

$b_n-2=(\overset{5}{\underline{b_1}}-2)\left(\dfrac{1}{2}\right)^{n-1}$ となる。

$\left[F(n)-\ \underline{F(1)}\ \cdot\left(\dfrac{1}{2}\right)^{n-1} \right]$

これに $b_1=5$ を代入すると，

$b_n=(5-2)\cdot\left(\dfrac{1}{2}\right)^{n-1}+2$

$\therefore b_n=3\cdot\left(\dfrac{1}{2}\right)^{n-1}+2 \quad (n=1,2,3,\cdots)$ となる。

187

よって，求める数列 $\{b_n\}$ の極限は，

$$\lim_{n \to \infty} b_n = \lim_{n \to \infty} \left\{ 3 \cdot \underset{0}{\left(\frac{1}{2}\right)^{n-1}} + 2 \right\} = 3 \times 0 + 2 = 2 \quad \text{となる。}$$

(2)
$$\begin{cases} c_1 = 1 \\ \underline{c_{n+1} + 1} = -\frac{1}{3}(c_n + 1) \ \cdots\cdots ② \quad (n = 1, \, 2, \, 3, \, \cdots) \end{cases}$$

$$\left[\underline{G(n+1)} = -\frac{1}{3} \cdot G(n) \right]$$

②を変形して，

$$c_n + 1 = (\underset{1}{c_1} + 1) \cdot \left(-\frac{1}{3}\right)^{n-1}$$

$$\left[G(n) = \underline{G(1)} \cdot \left(-\frac{1}{3}\right)^{n-1} \right]$$

これに $c_1 = 1$ を代入すると，

$$c_n = (1+1)\left(-\frac{1}{3}\right)^{n-1} - 1$$

$$\therefore c_n = 2 \cdot \left(-\frac{1}{3}\right)^{n-1} - 1 \quad (n = 1, \, 2, \, 3, \, \cdots) \text{となる。}$$

よって，求める数列 $\{c_n\}$ の極限は，

$$\lim_{n \to \infty} c_n = \lim_{n \to \infty} \left\{ 2 \cdot \underset{0}{\left(-\frac{1}{3}\right)^{n-1}} - 1 \right\} = 2 \times 0 - 1 = -1 \quad \text{となって答えだ！}$$

(1) では，$\lim\limits_{n \to \infty} \left(\frac{1}{2}\right)^{n-1} = 0$，**(2)** では，$\lim\limits_{n \to \infty} \left(-\frac{1}{3}\right)^{n-1} = 0$ となるのが極限を求めるときのポイントだったね。

それでは，この応用として，$a_{n+1} = pa_n + q$（p, q：定数）の形の漸化式と極限についても解説しよう。

188

● 漸化式 $a_{n+1}=pa_n+q$ と極限の問題も解いてみよう！

それでは次，$a_{n+1}=pa_n+q$ $(p, q：定数)$ の形の漸化式について考えてみよう。これがもし，

（ⅰ）$p=1$ だったら，$a_{n+1}=a_n+q$ となって，公差 q の等差数列になるし，また，

（ⅱ）$q=0$ だったら，$a_{n+1}=pa_n$ となって，公比 p の等比数列になるね。

よって，ここでは，$p \neq 1$ かつ $q \neq 0$ の場合の漸化式 $a_{n+1}=pa_n+q$ について考えてみよう。

この形の漸化式の場合，a_{n+1} と a_n の場所に x を代入した，x の 1 次方程式 $\underline{x=px+q}$ を作り，この解を利用して，$F(n+1)=pF(n)$ の形にもち込

> これは，a_n と a_{n+1} を同じ x とおいたから，$a_n=a_{n+1}$ としたのかって？ ううん，違う！
> これは，元の漸化式 $a_{n+1}=pa_n+q$ とは全く独立した別の x の 1 次方程式なんだよ。

めるんだよ。

そして，この x の 1 次方程式のことを "**特性方程式**" と呼ぶことも覚えておこう。ン？ 抽象的だって？ いいよ，具体例で話そう。次の漸化式を解いてみよう。

$$\begin{cases} a_1=5 \\ a_{n+1}=4a_n-3 \quad \cdots\cdots① \end{cases} \quad (n=1, 2, 3, \cdots)$$

> $p=4, q=-3$ のときの
> $a_{n+1}=pa_n+q$ の漸化式だね。

この特性方程式は，

$$x=4x-3 \quad \cdots\cdots②　となる。$$

> ① の a_n と a_{n+1} のところにたまたま x が入った，
> ① とはまったく別の x の方程式だ。

② を解いて，$4x-x=3$，$3x=3$　　∴ $x=1$ だね。

この解を使うと，① は，

$$a_{n+1}-1=4(a_n-1) \quad \cdots\cdots③　と変形できる。$$

この理由は，①－② を実行してみればスグ分かる。①－② より，

$$a_{n+1}-x=4a_n\cancel{-3}-(4x\cancel{-3})$$

$$a_{n+1}-x=4(a_n-x)　となるだろう。この x に ② の解 1 が入ったものが③$$

式だったんだ。そして，これは $F(n+1)=4F(n)$ の形だから，

$$a_{n+1} - 1 = 4(a_n - 1) \qquad [F(n+1) = 4 \cdot F(n)]$$

アッという間

$$a_n - 1 = (a_1 - 1) \cdot 4^{n-1} \qquad [F(n) = F(1) \cdot 4^{n-1}]$$

と変形でき，$a_1 = 5$ を代入すれば，一般項 a_n が

$a_n = (5-1) \cdot 4^{n-1} + 1 = 4^n + 1 \quad (n = 1, 2, 3, \cdots)$ と求まるんだね。

エッ，面白すぎるって？ いいね，その調子だ！ では，$a_{n+1} = p a_n + q$ の形の漸化式と極限の問題にもチャレンジしてみよう。もっと，よく理解できるはずだ。

練習問題 57 | $a_{n+1} = pa_n + q$ の形の漸化式と極限 | CHECK1 | CHECK2 | CHECK3

次の問いに答えよ。

(1) 数列 $\{b_n\}$ が，$b_1 = 3$，$b_{n+1} = -\dfrac{1}{2} b_n + 3 \quad (n = 1, 2, 3, \cdots)$ で

定義されるとき，極限 $\displaystyle\lim_{n \to \infty} b_n$ を求めよ。

(2) 数列 $\{c_n\}$ が，$c_1 = 1$，$c_{n+1} = \dfrac{1}{5} c_n + 4 \quad (n = 1, 2, 3, \cdots)$ で

定義されるとき，極限 $\displaystyle\lim_{n \to \infty} c_n$ を求めよ。

---

(1)，(2) 共に $a_{n+1} = p a_n + q$ の形の漸化式なので，いずれも特性方程式 $x = px + q$ の解を使って，等比関数列型の漸化式 $F(n+1) = pF(n)$ にもち込んで解くんだね。

(1)
$$\begin{cases} b_1 = 3 \\ b_{n+1} = -\dfrac{1}{2} b_n + 3 \quad \cdots\cdots\text{①} \quad (n = 1, 2, 3, \cdots) \end{cases}$$

①の漸化式の特性方程式は，

$$x = -\frac{1}{2} x + 3 \quad \text{なので，これを解いて，}$$

$$x + \frac{1}{2} x = 3, \quad \frac{3}{2} x = 3, \quad x = 3 \times \frac{2}{3} = 2$$

よって，この値を用いて，①を変形すると，

190

$b_{n+1} - \underset{\sim}{2} = -\frac{1}{2}(b_n - \underset{\sim}{2})$ となる。これから，

$$\left[F(n+1) = -\frac{1}{2}\,F(n) \right]$$

$b_n - 2 = (b_1 - 2)\cdot\left(-\frac{1}{2}\right)^{n-1}$

$$\left[F(n) = F(1) \cdot\left(-\frac{1}{2}\right)^{n-1} \right]$$

と，アッという間に変形できる。

ここで，$b_1 = 3$ を代入すると，

$b_n = (3-2)\cdot\left(-\frac{1}{2}\right)^{n-1} + 2$

∴ 一般項 $b_n = \left(-\frac{1}{2}\right)^{n-1} + 2$ $(n = 1,\ 2,\ 3,\ \cdots)$ となる。

よって，求める極限は，

$$\lim_{n\to\infty} b_n = \lim_{n\to\infty}\left\{ \boxed{\left(-\frac{1}{2}\right)^{n-1}} + 2 \right\} = 2 \quad \text{となる。}$$

これで，一連の流れがマスターできたと思う。さらにもう 1 題解いて，完璧にマスターしてくれ。

> $\begin{cases} b_{n+1} = -\dfrac{1}{2}b_n + 3 & \cdots\cdots ⑦ \\ x = -\dfrac{1}{2}x + 3 & \cdots\cdots ④ \end{cases}$
> ⑦ － ④ より，
> $b_{n+1} - x = -\dfrac{1}{2}(b_n - x)$
> この x に，$x = \underset{\sim}{2}$ を代入したものだね。

(2) $\begin{cases} c_1 = 1 \\ c_{n+1} = \dfrac{1}{5}c_n + 4 & \cdots\cdots ② \quad (n = 1,\ 2,\ 3,\ \cdots) \end{cases}$

②の漸化式の特性方程式は，

$x = \dfrac{1}{5}x + 4$ なので，これを解いて，

$x - \dfrac{1}{5}x = 4,\qquad \dfrac{4}{5}x = 4,\qquad x = \underset{\sim}{5}$

よって，この値を用いて，②を変形すると，

$c_{n+1} - \underset{\sim}{5} = \dfrac{1}{5}(c_n - \underset{\sim}{5})$ これから，

$$\left[F(n+1) = \dfrac{1}{5}\,F(n) \right]$$

> $\begin{cases} c_{n+1} = \dfrac{1}{5}c_n + 4 & \cdots\cdots ⑦ \\ x = \dfrac{1}{5}x + 4 & \cdots\cdots ④ \end{cases}$
> ⑦ － ④ より，
> $c_{n+1} - x = \dfrac{1}{5}(c_n - x)$
> この x に，$x = \underset{\sim}{5}$ を代入したもの。

数列の極限

4

191

$c_n - 5 = (c_1 - 5) \cdot \left(\dfrac{1}{5}\right)^{n-1}$　と，アッという間に変形するんだね。

$$\left[F(n) = F(1) \cdot \left(\dfrac{1}{5}\right)^{n-1} \right]$$

後は，これに $c_1 = 1$ を代入して，一般項を求めると，

$$c_n = (1 - 5) \cdot \left(\dfrac{1}{5}\right)^{n-1} + 5$$

$\therefore$ 一般項 $c_n = -4 \cdot \left(\dfrac{1}{5}\right)^{n-1} + 5$　$(n = 1,\ 2,\ 3,\ \cdots)$　となる。

これから，求める数列 $\{c_n\}$ の極限は，

$$\lim_{n \to \infty} c_n = \lim_{n \to \infty} \left\{ -4 \cdot \left(\dfrac{1}{5}\right)^{n-1} + 5 \right\}$$

$$= -4 \times 0 + 5 = 5$$　となって，答えだ！ 面白かった？

それでは，もう 1 題，同じ解法パターンの練習問題を解いてみよう。

練習問題 58 　$a_{n+1} = pa_n + q$ の極限の応用　CHECK*1*　CHECK*2*　CHECK*3*

次の問いに答えよ。

(1) 数列 $\{a_n\}$ が，$a_1 = 1$，$a_{n+1} = 2a_n + 1$　$(n = 1,\ 2,\ 3,\ \cdots)$ で

　　定義されるとき，極限 $\displaystyle\lim_{n \to \infty} \dfrac{a_n}{2^{n+1}}$ を求めよ。

(2) 数列 $\{b_n\}$ が，$b_1 = 6$，$b_{n+1} = 4b_n - 6$　$(n = 1,\ 2,\ 3,\ \cdots)$ で

　　定義されるとき，極限 $\displaystyle\lim_{n \to \infty} \dfrac{b_n}{2^{2n-1}}$ を求めよ。

---

(1)，(2) いずれも，$a_{n+1} = pa_n + q$ の形の漸化式なので，特性方程式 $x = px + q$
の解を使って，等比関数列型の漸化式 $F(n+1) = p \cdot F(n)$ の形にもち込もう。

(1) $\begin{cases} a_1 = 1 \\ a_{n+1} = 2a_n + 1 \ \cdots\cdots ① \quad (n = 1,\ 2,\ 3,\ \cdots) \end{cases}$

①の特性方程式は，

$x = 2x + 1$ なので，これを解いて，

$x = -1$ となる。これを用いて，

①を変形すると，

$$a_{n+1} - (-1) = 2\{a_n - (-1)\}$$

$a_{n+1} + 1 = 2(a_n + 1)$ となる。これから，

$[F(n+1) = 2 \cdot F(n)]$

アッ！という間

$a_n + 1 = (a_1 + 1) \cdot 2^{n-1}$ ここで，$a_1 = 1$ を代入すると，

$[F(n) = F(1) \cdot 2^{n-1}]$

$a_n + 1 = 2^n$ より，一般項 a_n は，

$a_n = 2^n - 1 \cdots\cdots ②$ $(n = 1, 2, 3, \cdots)$ となる。

今回求める極限は，②を用いて，

$2^n - 1$ （②より）　　　　　$\dfrac{1}{2}$

$$\lim_{n \to \infty} \frac{a_n}{2^{n+1}} = \lim_{n \to \infty} \frac{2^n - 1}{2^{n+1}} = \lim_{n \to \infty} \left(\frac{2^n}{2^{n+1}} - \frac{1}{2^{n+1}} \right)$$

$$= \lim_{n \to \infty} \left\{ \frac{1}{2} - \left(\frac{1}{2} \right)^{n+1} \right\} = \frac{1}{2}$$ となって，答えだ。

0

(2) $\begin{cases} b_1 = 6 \\ b_{n+1} = 4b_n - 6 \cdots\cdots ③ \end{cases}$ $(n = 1, 2, 3, \cdots)$

③の特性方程式は，

$x = 4x - 6$ なので，これを解いて，

$3x = 6$ ∴ $x = 2$ となる。これを用いて③を変形すると，

$b_{n+1} - 2 = 4(b_n - 2)$ となる。これから，

$[F(n+1) = 4 \cdot F(n)]$

アッ！という間

$b_n - 2 = (b_1 - 2) \cdot 4^{n-1}$ ここで，$b_1 = 6$ を代入すると，

$[F(n) = F(1) \cdot 4^{n-1}]$

193

$b_n - 2 = 4 \cdot 4^{n-1} = 4^n$ より，一般項 b_n は，

$b_n = 4^n + 2$ ……④　$(n = 1, 2, 3, \cdots)$ となる。

今回求める極限 $\displaystyle\lim_{n \to \infty} \dfrac{b_n}{2^{2n-1}}$ に，④を代入して，この極限を求めると，

$$\lim_{n \to \infty} \frac{\overbrace{b_n}^{4^n+2}}{2^{2n-1}} = \lim_{n \to \infty} \frac{4^n + 2}{2^{2n-1}} = \lim_{n \to \infty} \left(\frac{4^n}{2^{2n-1}} + \frac{2}{2^{2n-1}} \right)$$

$$= \lim_{n \to \infty} \left(\frac{4^n}{2^{2n} \cdot 2^{-1}} + \frac{2}{2^{2n} \cdot 2^{-1}} \right)$$

$$\boxed{\frac{4^n}{4^n \cdot \frac{1}{2}} = 2} \qquad \boxed{\frac{2}{2^{2n} \cdot \frac{1}{2}} = 4 \cdot \frac{1}{2^{2n}} = 4 \cdot \left(\frac{1}{2} \right)^{2n}}$$

$$= \lim_{n \to \infty} \left\{ 2 + 4 \cdot \left(\frac{1}{2} \right)^{2n} \right\} = 2 \quad \text{となって，答えだ！大丈夫だった？}$$

それでは，少しレベルは上がるけれど，次の練習問題をやってみよう。

練習問題 59　$a_{n+1} = pa_n + q$ の極限の応用　CHECK 1　CHECK 2　CHECK 3

数列 $\{a_n\}$ が，$a_1 = \dfrac{1}{2}$，$a_{n+1} = \dfrac{2a_n}{1 + 3a_n}$ ………① $(n = 1, 2, 3, \cdots)$

で定義されるとき，次の各問いに答えよ。

(1) $a_n > 0$ $(n = 1, 2, 3, \cdots)$ であることを，数学的帰納法により示せ。

(2) ①の両辺の逆数をとり，$b_n = \dfrac{1}{a_n}$ とおいて，数列 $\{b_n\}$ の漸化式を作り，

　　これを解いて，一般項 b_n を求めよ。

(3) 極限 $\displaystyle\lim_{n \to \infty} a_n$ を求めよ。

---

①の逆数をとって，$\dfrac{1}{a_{n+1}} = \dfrac{1 + 3a_n}{2a_n} = \dfrac{1}{2} \cdot \dfrac{1}{a_n} + \dfrac{3}{2}$ となるので，$b_n = \dfrac{1}{a_n}$ とおくと，

$b_{n+1} = \dfrac{1}{2} b_n + \dfrac{3}{2}$ となって，$b_{n+1} = p b_n + q$ の形の漸化式になるんだね。

$a_1 = \dfrac{1}{2}$, $a_{n+1} = \dfrac{2a_n}{1+3a_n}$ ………① $(n = 1, 2, 3, \cdots)$ について，

(1) $n = 1, 2, 3, \cdots$ のとき，$a_n > 0$ ……(*) が

成り立つことを数学的帰納法により示す。

> 数学的帰納法
> (i) $n = 1$ のとき，
> 　　$a_1 > 0$ より，
> 　　成り立つ。
> (ii) $n = k$ のとき，
> 　　$a_k > 0$ が成り立つ
> 　　と仮定して，
> 　　$n = k+1$ のとき，
> 　　$a_{k+1} > 0$ を示す。

　(i) $n = 1$ のとき，$a_1 = \dfrac{1}{2} > 0$

　　　∴ (*) は成り立つ。

　(ii) $n = k$ $(k = 1, 2, 3, \cdots)$ のとき，

　　　$a_k > 0$ が成り立つと仮定して，

　　　$n = k+1$ のときについて調べる。

　　　①の n に k を代入して，

　　　$a_{k+1} = \dfrac{2\,\boxed{a_k}^{\oplus}}{1+3\,\boxed{a_k}_{\oplus}} > 0$ 　$(\because a_k > 0)$

　　　∴ $n = k+1$ のときも (*) は成り立つ。

以上 (i)(ii) より，すべての自然数 n に対して，

$a_n > 0$ ……(*) は成り立つことが分かったんだね。

(2) $a_n > 0$ $(n = 1, 2, 3, \cdots)$ より，①の両辺の逆数をとっても，分母は 0 にはならない。

よって，$\underbrace{\dfrac{1}{a_{n+1}}}_{b_{n+1}} = \dfrac{1+3a_n}{2a_n} = \dfrac{1}{2a_n} + \dfrac{3a_n}{2a_n} = \dfrac{1}{2} \cdot \underbrace{\dfrac{1}{a_n}}_{b_n} + \dfrac{3}{2}$ となる。

$\boxed{\dfrac{1}{\frac{1}{2}} = 2}$

ここで，$b_n = \dfrac{1}{a_n}$ とおくと，$b_{n+1} = \dfrac{1}{a_{n+1}}$，また，$b_1 = \dfrac{1}{a_1} = 2$

以上より，数列 $\{b_n\}$ は次のように定義される。

$b_1 = 2$，$b_{n+1} = \dfrac{1}{2}b_n + \dfrac{3}{2}$ ………② 　$(n = 1, 2, 3, \cdots)$

> $b_{n+1} = pb_n + q$
> の形の漸化式

②の特性方程式は，

$x = \dfrac{1}{2}x + \dfrac{3}{2}$ なので，これを解いて，

$\dfrac{1}{2}x = \dfrac{3}{2}$ 　∴ $x = \dfrac{3}{2} \times 2 = 3$

> これから，②は
> $b_{n+1} - 3 = \dfrac{1}{2}(b_n - 3)$ となる。

よって，②は，$b_{n+1}-3=\dfrac{1}{2}(b_n-3)$ $\left[F(n+1)=\dfrac{1}{2}F(n)\right]$

$\therefore\ b_n-3=\underset{②}{(\underline{b_1}-3)}\cdot\left(\dfrac{1}{2}\right)^{n-1}$ $\left[\ F(n)\ =F(1)\cdot\left(\dfrac{1}{2}\right)^{n-1}\ \right]$

これに，$b_1=2$ を代入して，求める $\{b_n\}$ の一般項 b_n は，

$b_n=3-\left(\dfrac{1}{2}\right)^{n-1}$ ………③ $(n=1,\ 2,\ 3,\ \cdots)$ となるんだね。

(3) $b_n=\dfrac{1}{a_n}=3-\left(\dfrac{1}{2}\right)^{n-1}$ ……③ より，$a_n=\dfrac{1}{3-\left(\dfrac{1}{2}\right)^{n-1}}$ $(n=1,\ 2,\ 3,\ \cdots)$

よって，求める極限 $\displaystyle\lim_{n\to\infty}a_n$ は，

$\displaystyle\lim_{n\to\infty}a_n=\lim_{n\to\infty}\dfrac{1}{3-\left(\dfrac{1}{2}\right)^{n-1}}=\dfrac{1}{3}$ となって，答えだ！ 大丈夫だった？

　どう？ 等比関数列型の漸化式の解法の威力が十分に分かっただろう？ ン？ でも，もっと他の漸化式にも使えないのかって？ この解法パターンは実は様々な漸化式の解法に利用できる。

　ここではさらに，$a_{n+1}=pa_n+q^n$ と $a_{n+1}=pa_n+qn$ の形の漸化式の問題と，対称形の連立の漸化式の解法についても解説しておこう。

● $a_{n+1}=pa_n+q^n$ のタイプの漸化式にも挑戦しよう！

　$a_{n+1}=pa_n+q^n$ の形の漸化式が出てきたら，定数 α を用いて，これを，
$a_{n+1}+\alpha q^{n+1}=p(a_n+\alpha q^n)$ $(\alpha：定数)$ と変形しよう。すると，これは等比
$[\ F(n+1)\ =p\ F(n)\ ]$
関数列型の漸化式 $F(n+1)=p\cdot F(n)$ となるので，$F(n)=F(1)\cdot p^{n-1}$ として解いていけばいいんだね。つまり，アッという間に解けるんだね。

　それでは，次の練習問題で，このタイプの漸化式と極限の問題を解いてみよう。

練習問題 60　$a_{n+1}=pa_n+q^n$ の極限　CHECK*1*　CHECK*2*　CHECK*3*

数列 $\{a_n\}$ が，$a_1=1$，$a_{n+1}=3a_n+2^n$ ……① $(n=1, 2, 3, \cdots)$ で

定義されるとき，次の各問いに答えよ。

(1) ①を変形して，$a_{n+1}+\alpha\cdot2^{n+1}=3(a_n+\alpha\cdot2^n)$ ……② とするとき，

　　定数 α の値を求めよ。

(2) 一般項 a_n を求めて，極限 $\displaystyle\lim_{n\to\infty}\frac{a_n}{2^n}$，$\displaystyle\lim_{n\to\infty}\frac{a_n}{3^n}$，$\displaystyle\lim_{n\to\infty}\frac{a_n}{6^n}$ を求めよ。

---

(1)の②は，$F(n+1)=3F(n)$ の形をしている。この形になるような定数 α の値を①との比較により，求めよう。(2)では，一般項 a_n を求め，与えられた各極限を求めよう。

(1) $a_1=1$，$a_{n+1}=3a_n+2^n$ ……① $(n=1, 2, 3, \cdots)$ より，

①を変形して，

$$a_{n+1}+\alpha\cdot2^{n+1}=3(a_n+\alpha\cdot2^n) \cdots② \text{ になったものとする。}$$

$$[\quad F(n+1)\quad =3\cdot\ F(n)\quad]$$

$F(n)=a_n+\alpha\cdot2^n$ とおくと，n の代わりに $n+1$ を代入して，$F(n+1)=a_{n+1}+\alpha\cdot2^{n+1}$ となる。

②を変形すると，

$$a_{n+1}+\underbrace{2\alpha\cdot2^n}_{\alpha\cdot2^{n+1}}=3a_n+3\alpha\cdot2^n \qquad a_{n+1}=3a_n+\underbrace{3\alpha\cdot2^n-2\alpha\cdot2^n}_{(3\alpha-2\alpha)\cdot2^n=\alpha\cdot2^n}$$

$a_{n+1}=3a_n+\underbrace{\alpha}_{1(\text{①と比較して})}\cdot2^n\cdots②'$ となるので，②' と①を比較すると，α が決定されて

$\alpha=1$ であることが分かる。

(2) $\alpha=1$ を②に代入すると，

$$a_{n+1}+2^{n+1}=3(a_n+2^n) \quad (n=1, 2, 3, \cdots) \text{ より，}$$

$$[\ F(n+1)=3\cdot F(n)\ ]$$

（アッという間）

$$a_n+2^n=(a_1+2^1)\cdot3^{n-1} \cdots③ \text{ となる。}$$

$$[\ F(n)\ =\ F(1)\cdot\ 3^{n-1}\ ]$$

$a_n + 2^n = (a_1 + 2) \cdot 3^{n-1}$ ……③ に，$a_1 = 1$ を代入すると，

（①の下に囲み）

$a_n = 3 \cdot 3^{n-1} - 2^n$ より，

∴一般項 a_n は，次のように求められる。

$a_n = 3^n - 2^n$ ……④ （$n = 1, 2, 3, \cdots$）

次に，a_n を用いた **3** つの各極限を求めてみよう。

（i）$\displaystyle\lim_{n\to\infty} \frac{a_n}{2^n} = \lim_{n\to\infty} \frac{3^n - 2^n}{2^n}$ （④より）

$\displaystyle = \lim_{n\to\infty}\left\{\left(\frac{3}{2}\right)^n - 1\right\} = \infty - 1 = \infty$ となる。

$$\lim_{n\to\infty} r^n = \begin{cases} \infty & (r > 1) \\ 1 & (r = 1) \\ 0 & (0 < r < 1) \end{cases}$$

（ii）$\displaystyle\lim_{n\to\infty} \frac{a_n}{3^n} = \lim_{n\to\infty} \frac{3^n - 2^n}{3^n} = \lim_{n\to\infty}\left\{1 - \left(\frac{2}{3}\right)^n\right\} = 1 - 0 = 1$ となる。

（iii）$\displaystyle\lim_{n\to\infty} \frac{a_n}{6^n} = \lim_{n\to\infty} \frac{3^n - 2^n}{6^n} = \lim_{n\to\infty}\left\{\left(\frac{1}{2}\right)^n - \left(\frac{1}{3}\right)^n\right\} = 0 - 0 = 0$

となるんだね。大丈夫だった？

● **$a_{n+1} = p a_n + q n$ のタイプの漸化式と極限の問題も解いてみよう！**

$a_{n+1} = \underline{p a_n + q n}$ の形の漸化式が出てきたら，この場合 $F(n)$ は，a_n に n の

（n の **1** 次式）

1 次式 $\underline{\alpha n + \beta}$ を加えて，$F(n) = a_n + \alpha n + \beta$ （α, β：定数）とおく。すると，

（n の **1** 次式なので，一般に定数項 β も加えた形で考えることがポイントだ！）

$F(n+1)$ は $F(n+1) = a_{n+1} + \alpha(n+1) + \beta$ となるので，元の式を

$a_{n+1} + \alpha(n+1) + \beta = \underline{p} \cdot (a_n + \alpha n + \beta)$ （α, β：定数）の形にもち込むことが

[　　　$F(n+1)$　　$= \underline{p} \cdot$　　$F(n)$　　]

できれば，これは等比関数列の漸化式 $F(n+1) = \underline{p} F(n)$ なので，アッとい

う間に変形して $F(n) = F(1) \cdot p^{n-1}$ の形にもち込めるんだね。それでは，

このタイプの漸化式と極限の問題を次の練習問題で解いてみよう。

198

| 練習問題 61 | $a_{n+1}=pa_n+qn$ の極限 | CHECK 1 | CHECK 2 | CHECK 3 |

数列 $\{a_n\}$ が，$a_1=2$，$a_{n+1}=2a_n+3n$ ……① $(n=1, 2, 3, \cdots)$ で定義されているとき，次の各問いに答えよ。

(1) ①を変形して，$a_{n+1}+\alpha(n+1)+\beta=2(a_n+\alpha n+\beta)$ …② とするとき，定数 α，β の値を求めよ。

(2) 一般項 a_n を求めて，極限 $\displaystyle\lim_{n\to\infty}\frac{a_n}{2^n}$ を求めよ。その際に $\displaystyle\lim_{n\to\infty}\frac{n}{2^n}=0$ を用いてもよいものとする。

---

(1)の②は $F(n+1)=2\cdot F(n)$ の形なので，α，β の値が分かれば，**(2)**で，一般項 a_n はすぐに求められる。その際に，極限 $\displaystyle\lim_{n\to\infty}\frac{n}{2^n}$ が出てきて，これは $\dfrac{\infty}{\infty}$ の不定形だけれど，$\dfrac{(弱い\infty)}{(強い\infty)}$ なので，0 に収束することが問題文で示されているんだね。

(1) $a_1=2$，$a_{n+1}=\underline{\underline{2}}a_n+3n$ ……① $(n=1, 2, 3, \cdots)$ より，

①を変形して，

$a_{n+1}+\alpha(n+1)+\beta=\underline{\underline{2}}(a_n+\alpha n+\beta)$ ……② になったものとする。

$[\qquad F(n+1)\qquad =\underline{\underline{2}}\cdot\qquad F(n)\qquad]$

> $F(n)=a_n+\alpha n+\beta$ とおくと，n の代わりに $n+1$ を代入して，$F(n+1)=a_{n+1}+\alpha(n+1)+\beta$ となる。
> 　　　$\boxed{n の 1 次式}$

②を変形すると，

$a_{n+1}+\underline{\alpha n}+\underline{\alpha+\beta}=2a_n+\underline{2\alpha n}+\underline{2\beta}$，$a_{n+1}=2a_n+\underline{2\alpha n-\alpha n}+\underline{2\beta-\alpha-\beta}$

$a_{n+1}=2a_n+\underline{\alpha n}+\underline{\beta-\alpha}$ ……②′ となる。よって，②′ と①を比較すると，
　　　　　　　　　　　$\boxed{3}$　$\boxed{0}$ ← $\boxed{① と比較して}$

$\alpha=3$，$\beta-\alpha=0$ より，　$\therefore \alpha=3$，$\beta=3$ である。

(2) $\alpha=3$，$\beta=3$ を②に代入すると，

$a_{n+1}+3(n+1)+3=2(a_n+3n+3)$ $(n=1, 2, 3, \cdots)$ より，

$[\qquad F(n+1)\qquad=2\cdot\qquad F(n)\qquad]$ ← $\boxed{アッ！という間}$

$a_n+3n+3=(a_1+3\cdot1+3)\cdot2^{n-1}$ ……③ となる。

$[\qquad F(n)=\qquad F(1)\qquad\cdot2^{n-1}]$

199

$\underline{a_n + 3n + 3} = (a_1 + 3 + 3) \cdot 2^{n-1}$ ……③ に $a_1 = 2$ を代入すると，
　　$\underset{\boxed{2}}{}$

$a_n = \underline{8 \times 2^{n-1}} - 3n - 3$ より，
　　$\boxed{2^3 \times 2^{n-1} = 2^{n+2}}$

一般項 a_n は，$a_n = 2^{n+2} - 3n - 3$ ……④ 　（$n = 1, 2, 3, \cdots$）となる。

④より，求める数列の極限 $\displaystyle\lim_{n \to \infty} \frac{a_n}{2^n}$ は，

$$\lim_{n \to \infty} \frac{a_n}{2^n} = \lim_{n \to \infty} \frac{2^{n+2} - 3n - 3}{2^n} = \lim_{n \to \infty} \left(\underset{\boxed{2^2 = 4}}{\frac{2^{n+2}}{2^n}} - 3 \cdot \frac{n}{2^n} - \frac{3}{2^n} \right)$$

$$\boxed{\lim_{n \to \infty} \frac{n}{2^n} = 0 \text{ より}} \longrightarrow \boxed{0} \qquad \boxed{\frac{3}{\infty} = 0}$$

$= 4 - 0 - 0 = 4$ 　となるんだね。

ここで，$\dfrac{n}{2^n}$ について，$2^{10} = 1024 \fallingdotseq 1000 = 10^3$ より，

・$n = 10$ のとき，$\dfrac{10}{2^{10}} \fallingdotseq \dfrac{10}{10^3} = \dfrac{1}{100}$ 　・$n = 20$ のとき，$\dfrac{20}{2^{20}} \fallingdotseq \dfrac{20}{(10^3)^2} = \dfrac{2}{100000}$

・$n = 30$ のとき，$\dfrac{30}{2^{30}} \fallingdotseq \dfrac{30}{(10^3)^3} = \dfrac{3}{100000000} \fallingdotseq 0$，$\cdots$ となって，

$n \to \infty$ のとき，$\dfrac{n}{2^n} \to 0$ となることが分かるでしょう？

● 対称形の連立の漸化式にもチャレンジしてみよう！

連立方程式では，2つの未知数 x と y を求めたように，連立の漸化式では，2つの数列 $\{a_n\}$ と $\{b_n\}$ の関係式になっているんだね。エッ！　急にハードルが高くなって，難しそうだって!?　確かに，レベルは少し上がるけれど，この解法も，等比関数列型の漸化式の考え方を使えば，シンプルに解けるので，そんなに心配する必要はないよ。

それではここで，対称形の連立の漸化式と極限の問題を，例題を使って，具体的に紹介しよう。

200

2つの数列 $\{a_n\}$ と $\{b_n\}$ が次の連立の漸化式で定義されるとき，この2つの数列の一般項 a_n と b_n を求め，極限 $\lim\limits_{n\to\infty}\dfrac{b_n}{a_n}$ を求めてみよう。

$a_1=4,\ b_1=2$

$\begin{cases} a_{n+1}=\underline{4}a_n+\underline{2}b_n & \cdots\cdots① \\ b_{n+1}=\underline{2}a_n+\underline{4}b_n & \cdots\cdots② \end{cases}\quad (n=1,\ 2,\ 3,\ \cdots)$

・$n=1$ のとき，①より，$a_2=4a_1+2b_1=16+4=20$
$\qquad\qquad\qquad\qquad\quad\ \ \underset{4}{\ }\quad\underset{2}{\ }$

$\qquad\qquad$②より，$b_2=2a_1+4b_1=8+8=16$
$\qquad\qquad\qquad\qquad\quad\ \ \underset{4}{\ }\quad\underset{2}{\ }$

・$n=2$ のとき，①より，$a_3=4a_2+2b_2=80+32=112$
$\qquad\qquad\qquad\qquad\quad\ \ \underset{20}{\ }\quad\underset{16}{\ }$

$\qquad\qquad$②より，$b_3=2a_2+4b_2=40+64=104$
$\qquad\qquad\qquad\qquad\quad\ \ \underset{20}{\ }\quad\underset{16}{\ }$

....

このように，連立の漸化式でも，順次，a_1, a_2, a_3, $\cdots$，b_1, b_2, b_3, $\cdots$の値を求めていけるんだね。そして，この連立の漸化式の中でも，①の a_n の係数と②の b_n の係数が $\underline{4}$ で等しく，かつ①の b_n の係数と②の a_n の係数が $\underline{2}$ で等しいもの，

すなわち $\begin{cases} a_{n+1}=\underline{p}a_n+\underline{q}b_n \\ b_{n+1}=\underline{q}a_n+\underline{p}b_n \end{cases}$ ← 右辺の係数が，対角線上に p 同士，q 同士等しいもの の形のものを

特に，**対称形の連立漸化式**というんだね。

そして，この対称形の連立漸化式であれば，一般項を求めることは，簡単なんだよ。すなわち，①+②と①−②を求めれば，すぐに等比関数列型の漸化式にもち込めるからなんだね。早速やってみよう。

①+②より　$a_{n+1}+b_{n+1}=6a_n+6b_n$

$\qquad\qquad\quad a_{n+1}+b_{n+1}=6(a_n+b_n)$ ← $F(n)=a_n+b_n$ とおくと，$F(n+1)$ は $F(n)$ の n の代わりに $n+1$ を代入したものなので $F(n+1)=a_{n+1}+b_{n+1}$ となるんだね。

$\qquad\qquad\ [\ F(n+1)=6\cdot F(n)\ ]$

①−②より　$a_{n+1}-b_{n+1}=2a_n-2b_n$

$\qquad\qquad\quad a_{n+1}-b_{n+1}=2(a_n-b_n)$ ← $G(n)=a_n-b_n$ とおくと，$G(n+1)$ は $G(n)$ の n の代わりに $n+1$ を代入したものなので $G(n+1)=a_{n+1}-b_{n+1}$ となるんだね。

$\qquad\qquad\ [\ G(n+1)=2\cdot G(n)\ ]$

①＋②と①−②から，**2つの等比関数列型**の漸化式が出てきたので，後はアッという間に解くことができるんだね。

$$\begin{cases} a_1=4, \ b_1=2 \\ a_{n+1}=4a_n+2b_n \ \cdots\cdots① \\ b_{n+1}=2a_n+4b_n \ \cdots\cdots② \end{cases}$$

$$\begin{cases} a_{n+1}+b_{n+1}=6(a_n+b_n) \\ [\ F(n+1)=6\cdot F(n)\ ] \\ a_{n+1}-b_{n+1}=2(a_n-b_n) \\ [\ G(n+1)=2\cdot G(n)\ ] \end{cases}$$

アッと

$$\begin{cases} a_n+b_n=(\overset{4}{\underset{}{a_1}}+\overset{2}{\underset{}{b_1}})\cdot 6^{n-1} \\ [\ F(n)=\ \ \ F(1)\ \ \ \cdot 6^{n-1}\ ] \\ a_n-b_n=(\overset{4}{\underset{}{a_1}}-\overset{2}{\underset{}{b_1}})\cdot 2^{n-1} \\ [\ G(n)=\ \ \ G(1)\ \ \ \cdot 2^{n-1}\ ] \end{cases}$$

いう間！

よって，$a_1=4$，$b_1=2$を代入すると，

$$\begin{cases} a_n+b_n=6\cdot 6^{n-1}=6^n \ \cdots\cdots③ \\ a_n-b_n=2\cdot 2^{n-1}=2^n \ \cdots\cdots④ \end{cases}$$

$\therefore \dfrac{1}{2}(③+④)$より，$a_n=\dfrac{1}{2}(6^n+2^n)$

$\qquad \dfrac{1}{2}(③-④)$より，$b_n=\dfrac{1}{2}(6^n-2^n) \quad (n=1, 2, 3, \cdots)$

となって，一般項a_nとb_nが求まる。

よって，求める極限は，

$$\lim_{n\to\infty}\frac{b_n}{a_n}=\lim_{n\to\infty}\frac{\frac{\cancel{1}}{\cancel{2}}(6^n-2^n)}{\frac{\cancel{1}}{\cancel{2}}(6^n+2^n)}=\lim_{n\to\infty}\frac{6^n-2^n}{6^n+2^n}\ \left[=\frac{\infty-\infty}{\infty+\infty}\text{の不定形}\right]$$

$$=\lim_{n\to\infty}\frac{1-\dfrac{2^n}{6^n}}{1+\dfrac{2^n}{6^n}}$$

分子・分母を6^nで割った

$$=\lim_{n\to\infty}\frac{1-\overset{0}{\overbrace{\left(\dfrac{1}{3}\right)^n}}}{1+\underset{0}{\underbrace{\left(\dfrac{1}{3}\right)^n}}}=\frac{1}{1}=1 \quad \text{となる。}$$

202

どう？ 初め難しく思えた対称形の連立の漸化式と極限の問題も，意外とアッサリ解けて驚いたって !? そうだね，数学って体系立てて学習すれば実力を次々に伸ばしていくことも可能なんだね。

ではもう**1**題，例題を解いておこう。

2つの数列 $\{a_n\}$，$\{b_n\}$ が次のように定義されるとき，一般項 a_n と b_n を求めて，極限 $\lim\limits_{n \to \infty} a_n$ と $\lim\limits_{n \to \infty} b_n$ を求めてみよう。

$$a_1 = \frac{2}{3}, \quad b_1 = \frac{1}{3}$$

$$\begin{cases} a_{n+1} = \dfrac{2}{3}a_n + \dfrac{1}{3}b_n \quad \cdots\cdots ⑦ \\[2mm] b_{n+1} = \dfrac{1}{3}a_n + \dfrac{2}{3}b_n \quad \cdots\cdots ① \quad (n = 1, 2, 3, \cdots) \end{cases}$$

> ⑦，①の右辺の係数が，対角線上に等しいので，これは対称形の連立漸化式だ。

⑦＋①より，$a_{n+1} + b_{n+1} = 1 \cdot a_n + 1 \cdot b_n$

$\therefore a_{n+1} + b_{n+1} = 1 \cdot (a_n + b_n)$ $\qquad [F(n+1) = 1 \cdot F(n)]$

⑦－①より，$a_{n+1} - b_{n+1} = \dfrac{1}{3}a_n - \dfrac{1}{3}b_n$

$\therefore a_{n+1} - b_{n+1} = \dfrac{1}{3}(a_n - b_n)$ $\qquad \left[G(n+1) = \dfrac{1}{3} \cdot G(n)\right]$

> アッと

これから，次のように変形できる。

$$\begin{cases} a_n + b_n = \left(\overset{\frac{2}{3}}{a_1} + \overset{\frac{1}{3}}{b_1}\right) \cdot 1^{n-1} \\[3mm] a_n - b_n = \left(\overset{\frac{2}{3}}{a_1} - \overset{\frac{1}{3}}{b_1}\right) \cdot \left(\dfrac{1}{3}\right)^{n-1} \end{cases}$$

> いう間！

$$[F(n) = F(1) \cdot 1^{n-1}]$$

$$\left[G(n) = G(1) \cdot \left(\dfrac{1}{3}\right)^{n-1}\right]$$

以上の結果に $a_1 = \dfrac{2}{3}$，$b_1 = \dfrac{1}{3}$ を代入すると，

$$\begin{cases} a_n + b_n = 1 \cdot 1^{n-1} = 1 \quad \cdots\cdots\cdots\cdots ⑦ \\[2mm] a_n - b_n = \dfrac{1}{3} \cdot \left(\dfrac{1}{3}\right)^{n-1} = \left(\dfrac{1}{3}\right)^n \quad \cdots\cdots ① \quad \text{となる。よって，} \end{cases}$$

$\dfrac{⑦＋①}{2}$ より，$a_n = \dfrac{1}{2}\left\{1 + \left(\dfrac{1}{3}\right)^n\right\}$

$\dfrac{⑦－①}{2}$ より，$b_n = \dfrac{1}{2}\left\{1 - \left(\dfrac{1}{3}\right)^n\right\}$

203

$\therefore$ 一般項 $a_n = \dfrac{1}{2}\left\{1+\left(\dfrac{1}{3}\right)^n\right\}$, $b_n = \dfrac{1}{2}\left\{1-\left(\dfrac{1}{3}\right)^n\right\}$ $(n=1, 2, 3, \cdots)$

が求まったので，それぞれの極限を求めると

$$\lim_{n \to \infty} a_n = \lim_{n \to \infty} \frac{1}{2}\left\{1+\boxed{\left(\frac{1}{3}\right)^n}\right\} = \frac{1}{2}\cdot 1 = \frac{1}{2} \quad \text{となるし,}$$

$$\underset{0}{\downarrow}$$

$$\lim_{n \to \infty} b_n = \lim_{n \to \infty} \frac{1}{2}\left\{1-\boxed{\left(\frac{1}{3}\right)^n}\right\} = \frac{1}{2}\cdot 1 = \frac{1}{2} \quad \text{となって，答えだ！納得いった？}$$

$$\underset{0}{\downarrow}$$

● 漸化式と数学的帰納法の融合問題も解いてみよう！

では次，漸化式そのものを解いて一般項を求めることはできないんだけれど，数学的帰納法を使って，一般項を求める形の問題についても，次の練習問題で練習しておこう。

練習問題 62 　**数学的帰納法の応用**　　CHECK *1*　　CHECK *2*　　CHECK *3*

数列 $\{a_n\}$ が，$a_1 = 2$，$a_{n+1} = \dfrac{n^2-1}{a_n}+3$ ……① $(n=1, 2, 3, \cdots)$ で定義されているとき，次の各問いに答えよ。

(1) a_2，a_3，a_4 の値を求め，一般項 a_n $(n=1, 2, 3, \cdots)$ を推定し，これが正しいことを，数学的帰納法を用いて示せ。

(2) 極限 $\displaystyle\lim_{n \to \infty} \dfrac{a_n}{3n}$ を求めよ。

---

(1) ①の漸化式を解いて，一般項 a_n を求めることは難しい。ここでは，①に $n=$ 1, 2, 3 の値を順に代入して，a_2, a_3, a_4 の値を求めよう。その結果，一般項 a_n を推定することができるんだね。そして，この a_n の推定式がすべての自然数 $n=1$, 2, 3, …について成り立つことを数学的帰納法を用いて示せばいいんだね。**(2)** は，極限の基本問題だね。頑張ろう！

(1) $a_1 = 2$，$a_{n+1} = \dfrac{n^2-1}{a_n}+3$ ……① $(n=1, 2, 3, \cdots)$ について，

(i) $n=1$ のとき，①は，$a_2 = \dfrac{1^2-1}{\boxed{a_1}_2}+3 = \dfrac{\cancel{0}}{\cancel{2}}+3 = 3$ ……② となる。

204

(ii) $n=2$ のとき，①は，$a_3=\dfrac{2^2-1}{\boxed{a_2}}+3=\dfrac{4-1}{3}+3=1+3=4$ …③ となる。

$\boxed{3 \,(②より)}$

(iii) $n=3$ のとき，①は，$a_4=\dfrac{3^2-1}{\boxed{a_3}}+3=\dfrac{9-1}{4}+3=2+3=5$ …④ となる。

$\boxed{4 \,(③より)}$

以上より，$a_1=2$，$a_2=3$，$a_3=4$，$a_4=5$ となるので，一般項 a_n は，

$a_n=n+1$ ……(＊) （$n=1, 2, 3, \cdots$）と推定できる。

この (＊) は，a_1, a_2, a_3, a_4 の値から推定したものに過ぎないので，たとえば，$a_{10}=11$ や $a_{200}=201$ となるのか？についてはまだ分からない。この (＊) が，すべての自然数 $n=1, 2, 3, \cdots$ について成り立つことを示すには次の数学的帰納法を利用するんだね。

数学的帰納法
(i)$n=1$ のとき，(＊) は成り立つ。
(ii)$n=k$ （$k=1, 2, 3, \cdots$）のとき (＊) が成り立つと仮定して，
　　$n=k+1$ のときについて調べる。…，$n=k+1$ のときも (＊) は成り立つ。
以上(i)(ii)より，任意の自然数 n について (＊) は成り立つ。

$n=1, 2, 3, \cdots$ について (＊) が成り立つことを，数学的帰納法により

示す。

(i)$n=1$ のとき，(＊) は $a_1=1+1=2$

　　となって，成り立つ。

(ii)$n=k$ （$k=1, 2, 3, \cdots$）のとき (＊)

　　が成り立つ，すなわち，

　　$a_k=k+1$……(＊)′ が成り立つと

　　仮定して，$n=k+1$ のときにつ

いて調べる。

①より，$a_{k+1}=\dfrac{k^2-1}{a_k}+3$ ……①′ である。

この①′に (＊)′ を代入すると，

$a_{k+1}=\dfrac{k^2-1}{k+1}+3=\dfrac{(k+1)(k-1)}{k+1}+3=k-1+3=k+2$

数学的帰納法は，ドミノ倒し理論なんだね。
(i)$n=1$ 番目のドミノを倒す。
(ii)$n=k$ 番目のドミノが倒れるとしたら，$n=k+1$ 番目のドミノが倒れることを示す。
以上(i)(ii)より，$n=1, 2, 3, \cdots$ 番目のすべてのドミノが倒れることを示したことになるんだね。

よって，$a_{k+1}=k+2=(k+1)+1$ となって， $a_n=n+1\cdots(*)$ の n に $k+1$ が代入されたもの

$n=k+1$ のときも $(*)$ は成り立つ。

以上 $(\text{i})(\text{ii})$ から，数学的帰納法により，任意の自然数 n に対して $(*)$ は成り立つ。これより，一般項 $a_n=n+1$ ……$(*)$ $(n=1, 2, 3, \cdots)$ であることが示された。

(2) $(*)$ の一般項の式より，求める極限は，

$$\lim_{n \to \infty} \frac{a_n^{\,n+1}}{3n} = \lim_{n \to \infty} \frac{n+1}{3n} = \lim_{n \to \infty} \frac{1+\dfrac{1}{n}^{\,0}}{3} = \frac{1}{3} \text{ である。}$$

分子・分母を n で割った！

　　どう？　これで，$a_{n+1}=pa_n+q$ $(p \neq 1, q \neq 0)$ の形の漸化式から一般項 a_n を求め，その極限を求める問題にも，また，対称形の連立漸化式

$$\begin{cases} a_{n+1}=pa_n+qb_n \\ b_{n+1}=qa_n+pb_n \end{cases}$$ から一般項 a_n と b_n を求め，極限を求める問題にも，さらに，漸化式と数学的帰納法の融合問題にも自信がついただろう？

　　ここで使われた $F(n+1)=r \cdot F(n)$ から $F(n)=F(1) \cdot r^{n-1}$ へと変形する考え方は，実はもっとさまざまな漸化式を解く上でポイントとなる変形パターンなんだ。だから，これまでの内容をマスターできた人は，**「元気が出る数学 III」** や **「合格！ 数学 III」**（マセマ）で勉強して，さらに腕に磨きをかけていくといいよ。どんな漸化式でも解いて，その極限が求められるようになると，スバラシイからね。

　　以上で，**「初めから始める数学 III Part1 改訂 8」** の講義はすべて終了です。みんな，本当によく頑張ったね。でも，本格的な数学 III のテーマである "微分・積分" は，**Part2** の講義で扱うから，まだまだ気を抜かずに最後まで，やり抜いてほしい。もちろん，マセマは，そんな頑張るキミ達の強い味方だからね。だから，次回は，**Part2** で会おうな！

それまで，みんな元気で…。またキミ達に会えることを楽しみにしてる。さようなら。

　　　　　　　　　　　　　　　　　　　　マセマ代表　馬場 敬之

第4章 ● 数列の極限　公式エッセンス

1. $\lim\limits_{n \to \infty} r^n$ の極限の公式

$$\lim_{n \to \infty} r^n = \begin{cases} 0 & (-1 < r < 1 \text{ のとき}) \\ 1 & (r = 1 \text{ のとき}) \\ 発散 & (r \leqq -1, 1 < r \text{ のとき}) \end{cases}$$

$r < -1, 1 < r \text{ のとき}, \lim\limits_{n \to \infty} \left(\dfrac{1}{r}\right)^n = 0$ $\left(\because -1 < \dfrac{1}{r} < 1\right)$

2. $\sum$ 計算の公式

(1) $\displaystyle\sum_{k=1}^{n} k = \dfrac{1}{2} n(n+1)$ 　　　(2) $\displaystyle\sum_{k=1}^{n} k^2 = \dfrac{1}{6} n(n+1)(2n+1)$

(3) $\displaystyle\sum_{k=1}^{n} k^3 = \dfrac{1}{4} n^2(n+1)^2$ 　　(4) $\displaystyle\sum_{k=1}^{n} c = \underbrace{c + c + \cdots + c}_{n \text{ 個の } c \text{ の和}} = nc$ （c：定数）

3. 2つのタイプの無限級数の和

（Ⅰ）無限等比級数の和の公式

$$\sum_{k=1}^{\infty} ar^{k-1} = a + ar + ar^2 + \cdots = \frac{\overset{初項}{a}}{1 - \underset{公比}{r}} \quad （収束条件：-1 < r < 1）$$

（Ⅱ）部分分数分解型

（ⅰ）まず，部分和 S_n を求める。 部分分数分解型

$$S_n = \sum_{k=1}^{n} (I_k - I_{k+1}) = I_1 - I_{n+1}$$

（ⅱ）次に，$n \to \infty$ として，無限級数の和を求める。

$$\lim_{n \to \infty} S_n = \lim_{n \to \infty} (I_1 - I_{n+1})$$

4. 階差数列型の漸化式

$a_{n+1} - a_n = b_n$ のとき，

$n \geqq 2$ で，$a_n = a_1 + \displaystyle\sum_{k=1}^{n-1} b_k$

5. 等比関数列型の漸化式

$F(n+1) = r \cdot F(n)$ のとき　　(ex) $a_{n+1} - 2 = 3(a_n - 2)$ のとき，

$F(n) = F(1) \cdot r^{n-1}$ 　　　　　　　　$a_n - 2 = (a_1 - 2) \cdot 3^{n-1}$

207

◆ Term・Index ◆

あ行

アポロニウスの円	38
1対1対応	131
一般項	141
陰関数	80
n乗根	30
円弧の長さ	92
円の方程式	41

か行

外分点	36
関数の対称移動	116
奇関数	118
逆関数	131, 132
級数	163
共役複素数	12
共有点	125
極	94
一形式	21
極限がある	144
極限がない	144
極限値	144
極方程式	101

虚軸	9
虚数	9
虚部	8, 9
偶関数	118
公差	141
合成関数	134
合成変換	43, 44
公比	142

さ行

サイクロイド曲線	90, 91
3乗根	32
始線	94
実軸	9
実部	8, 9
重心	35, 36
収束	144
――条件	165
純虚数	9
準線	50
焦点	50, 54, 64
数列	140
漸化式	176

208

——の解 …………**176, 178, 182**	2 乗根 …………………………**31**
——を解く ……………………**176**	**は行**
——（階差数列型の）…………**182**	媒介変数 …………………………**80**
——（等差数列型の）…………**177**	はさみ打ちの原理 ……………**153**
——（等比関数列型の）………**186**	発散 ……………………………**144**
——（等比数列型の）…………**179**	複素数 …………………………**8, 9**
漸近線 …………………………**64, 66**	——の絶対値 ………………**11, 20**
双曲線 …………………………**65, 66**	——の相等 ……………………**17**
た行	——平面 …………………………**9**
対称形の連立漸化式 ……………**201**	不定形 …………………………**146**
だ円 …………………………**55, 60**	部分和 …………………………**164**
単位円 …………………………**70, 88**	分数関数 ………………………**110**
短軸 ……………………………**60**	偏角 …………………………**20, 95**
長軸 ……………………………**60**	放物線 …………………………**50, 52**
動径 ……………………………**94**	**ま行**
等差数列 ………………………**141**	無限級数 ………………………**163**
等比数列 ………………………**142**	———（部分分数分解型の）…**164, 169**
特性方程式 ……………………**189**	無限等比級数 …………………**164**
ド・モアブルの定理 ……………**29**	無理関数 ………………………**114**
な行	**や行**
内分点 …………………………**35**	陽関数 …………………………**80**
2 次曲線 ………………………**70**	4 乗根 …………………………**33**

209

スバラシク面白いと評判の
初めから始める数学 III
Part1 改訂 8

著　者　馬場 敬之
発行者　馬場 敬之
発行所　マセマ出版社
〒 332-0023 埼玉県川口市飯塚 3-7-21-502
TEL 048-253-1734　　FAX 048-253-1729
Email：info@mathema.jp
https://www.mathema.jp

編　集	清代 芳生
校閲・校正	高杉 豊　秋野 麻里子　馬場 貴史
制作協力	久池井 茂　久池井 努　印藤 治　滝本 隆
	栄 瑠璃子　真下 久志　小野 祐汰　松本 康平
	間宮 栄二　町田 朱美
カバーデザイン	児玉 篤　児玉 則子
ロゴデザイン	馬場 利貞
印刷所	株式会社 シナノ

ISBN978-4-86615-202-8 C7041
落丁・乱丁本はお取りかえいたします。
本書の無断転載、複製、複写 (コピー)、翻訳を禁じます。
KEISHI BABA 2021 Printed in Japan